危险爆炸物处理技术

甄建伟　张士跃　关鹏鹏　俞卫博　王红建　编著

哈尔滨工业大学出版社

内 容 简 介

危险爆炸物在特定的外界作用下,如受热、摩擦、撞击或遇明火等,可能会引发剧烈的化学反应,甚至产生殉爆现象。

本书在写作过程中注重层次递进,既简要介绍了危险爆炸物的基本情况,又详尽叙述了各种危险爆炸物的识别、研判、处理方法,以及安全预防与防护技术。本书共8章。第1章介绍危险爆炸物概述;第2章介绍未爆弹药的识别;第3章介绍危险爆炸物应急处理技术;第4章介绍危险品弹药常规销毁处理技术;第5章介绍地雷武器及其运用;第6章介绍布雷、探雷和扫雷器材;第7章介绍地雷行动及地雷安全;第8章介绍安全预防与防护技术。

本书可作为高等院校兵器相关专业教材,也可供从事相关专业的人员参考。

图书在版编目(CIP)数据

危险爆炸物处理技术/甄建伟等编著. —哈尔滨:哈尔滨工业大学出版社,2024.6. —ISBN 978-7-5767-1530-9

Ⅰ.TQ560.7

中国国家版本馆 CIP 数据核字第 2024PL9363 号

策划编辑　薛　力
责任编辑　薛　力
封面设计　刘　乐
出版发行　哈尔滨工业大学出版社
社　　址　哈尔滨市南岗区复华四道街10号　邮编150006
传　　真　0451-86414749
网　　址　http://hitpress.hit.edu.cn
印　　刷　哈尔滨市工大节能印刷厂
开　　本　787 mm×1 092 mm　1/16　印张 11.5　字数 305 千字
版　　次　2024年6月第1版　2024年6月第1次印刷
书　　号　ISBN 978-7-5767-1530-9
定　　价　78.00元

(如因印装质量问题影响阅读,我社负责调换)

编 委 会

主 任 委 员 甄建伟　张士跃　关鹏鹏　俞卫博
　　　　　　 王红建
副主任委员 张凌皓　吕　帅　宋海涛　赵志峰
委　　　员（以姓氏笔画为序）
　　　　　　 向红军　张　彬　张新月　姜欣明

前　　言

在现代社会,不论是军事领域还是民用领域,危险爆炸物的安全处理关乎人民生活安全和社会稳定。历史上不乏因危险爆炸物处理不当而导致的惨重事故,这些教训时时刻刻警示着我们对危险爆炸物的处理必须要慎之又慎。

危险爆炸物,由于其本身蕴含较大能量和具有潜在的危险性,对于外界刺激如摩擦、撞击、火源等较为敏感,其所含能量一旦被释放,瞬间产生的热能、动能或冲击波,都有可能造成极大的破坏。通常来说,受内外因素的综合影响,如材料老化、意外撞击或长期暴露在恶劣环境中,危险爆炸物会发生化学稳定性降低、结构完整性受损等不良情况。若在储存、运输和处理过程中操作不当,往往会存在较大安全隐患,极易引发意外爆炸或燃烧,严重时还可能导致人员伤亡和物资损失,引发灾难性的后果。此外,危险爆炸物一般都需要专门存储场地、严格管理措施以及定期安全检查等,这些都意味着大量的人力、物力和时间等资源消耗。为减轻或消除危险爆炸物的资源占用和安全隐患等一系列问题,需采取科学的销毁方法进行处理。

危险爆炸物处理的目的在于消除它们对人民生命和财产的潜在威胁,要做到处理彻底,不留隐患,同时需要有一套科学的技术方法以及严谨的管理体系作为支撑。本书的撰写基于作者近些年的教学科研和操作实践,旨在为读者提供全面且系统的危险爆炸物处理知识。本书可作为地方理工科高校、军队院校有关专业学生了解危险爆炸物处理技术和相关知识的资料,也可作为部队官兵岗位能力提升和知识拓展更新的学习资源。

本书主要由甄建伟、张士跃、关鹏鹏、俞卫博、王红建撰写,同时张凌皓、吕帅、宋海涛、赵志峰、向红军、张彬、姜欣明、张新月等同志也参与了部分章节的撰写。

本书虽然是在查阅大量资料的基础上撰写而成的,但由于涉及的内容十分广泛,加之作者的水平及所能获取到的资料又很有限,因而书中难免有不足之处,敬请读者批评指正,不胜感谢。

作　者
2024 年 4 月

目 录

第1章 危险爆炸物概述 ... 1
- 1.1 火炸药基础 ... 1
- 1.2 弹药概论 ... 8

第2章 未爆弹药的识别 ... 31
- 2.1 未爆弹药的基本状态 ... 31
- 2.2 未爆弹药的分类 ... 32
- 2.3 未爆弹药的识别 ... 32

第3章 危险爆炸物应急处理技术 ... 37
- 3.1 应急销毁作业 ... 37
- 3.2 作业用爆破器材 ... 39
- 3.3 应急烧毁处理案例 ... 47
- 3.4 应急炸毁处理案例 ... 50

第4章 危险品弹药常规销毁处理技术 ... 56
- 4.1 弹药销毁概述 ... 56
- 4.2 分解拆卸技术 ... 61
- 4.3 装药倒空技术 ... 67
- 4.4 弹药烧毁技术 ... 69
- 4.5 弹药炸毁技术 ... 73

第5章 地雷武器及其运用 ... 83
- 5.1 地雷概述 ... 83
- 5.2 地雷的发展历史 ... 83
- 5.3 地雷的基本结构 ... 86
- 5.4 地雷的分类 ... 91
- 5.5 常见地雷及范例 ... 92
- 5.6 地雷的特点及应用 ... 107
- 5.7 雷场布置 ... 109
- 5.8 现代地雷装备的发展方向 ... 114

第6章 布雷、探雷和扫雷器材 · 118
6.1 布雷器材 · 118
6.2 地雷探测技术及器材 · 123
6.3 扫雷器材 · 133

第7章 地雷行动及地雷安全 · 143
7.1 地雷行动 · 143
7.2 《2019—2023年联合国地雷行动战略》 · 148
7.3 雷区辨识 · 151
7.4 认识误区 · 159
7.5 误入雷区的补救措施 · 161

第8章 安全预防与防护技术 · 164
8.1 静电及其预防 · 164
8.2 火灾及其预防 · 172

参考文献 · 176

第1章 危险爆炸物概述

1.1 火炸药基础

火炸药是具有特殊性质的一类物质。在一定外界条件作用下,火炸药能迅速发生化学变化,并产生大量气体和热量,其形成的高温、高压气体可以对周围介质做功并产生破坏作用。在军事领域,火炸药可作为各种炮弹、火箭弹、地雷、鱼雷和航弹等的装药,亦可作为工兵爆破用药,以及枪、炮、火箭和导弹等的发射药与推进剂。

炸药是以爆炸为主要特征的,它能够发生爆炸的根本原因是其本身具有爆炸的内在因素。在适当的外界条件(如冲击、加热和起爆等)作用下,即可剧烈变化而爆炸。

炸药爆炸时有3个突出特点,即反应速度很快,生成大量气体和释放大量的热。这3个特点称为炸药爆炸的三要素。由于炸药在本质上是不够稳定的,在一定外能作用下,极易发生反应。炸药一般由碳、氢、氧和氮4种元素组成。其中的氧元素有帮助燃烧的性质,氧元素越多,可燃物就燃烧得越猛烈,即炸药的反应速度越快。由于炸药本身含有较多的氧,使得炸药中的可燃元素(碳、氢)燃烧的速度极快,这是炸药反应速度快的原因。同时,炸药中的碳、氢与氧发生作用后会生成大量的 CO_2、CO、水蒸气等气体,并放出大量的热量。在极短的时间内,爆炸产生 3 000~5 000 ℃ 的高温、几十吉帕压力的气体,这种高温、高压气体向外膨胀最终形成巨大的破坏力。

1.1.1 火炸药的分类

火炸药按其特性和用途,可分为起爆药、猛炸药、火药和烟火剂等4种类型。

1. 起爆药

常用起爆药有氮化铅、雷汞和史蒂酚酸铅等。氮化铅为白色结晶,雷汞为白色或灰色结晶,史蒂酚酸铅为深黄色结晶。它们的共同特点是很敏感,只要零点几克,在较小外能(如火焰、针刺等)作用下,就能引起强烈爆炸。由于这个特性,通常用它们作为起爆具(如雷管)、点火具(如火帽)装药的主要成分。炮弹的引信内,一般都有火帽和雷管,枪弹底部和炮弹药筒内都有底火。雷汞的结晶,如图1.1所示。

起爆药是紧密压装在雷管与火帽中的,为防止装药松散还用金属的盖片和加强帽固定。如果受到过大的震动,盖片和加强帽可能发生松动,会引起内装药剂的松散,进而可

图 1.1 雷汞的结晶

能受摩擦和冲击作用而发火。由于起爆药具有以上的特点,因此在使用和处理弹药时,应防止强烈的冲击和震动,尤其是对引信和底火更应特别注意,以防发生事故。

2. 猛炸药

常用的猛炸药有化合炸药和混合炸药两大类。化合炸药是指由几种元素化合成单一成分的炸药,混合炸药是指由 2 种或 2 种以上物质混合组成的炸药。

化合炸药常用的有梯恩梯(TNT)、黑索金、太安和特屈儿等。梯恩梯与特屈儿均为黄色结晶,但梯恩梯的黄色稍深,特屈儿的黄色比较鲜艳。梯恩梯炸药颗粒与药块,如图 1.2 所示。黑索金与太安均为白色结晶,钝化后分别为橙红色和粉红色。

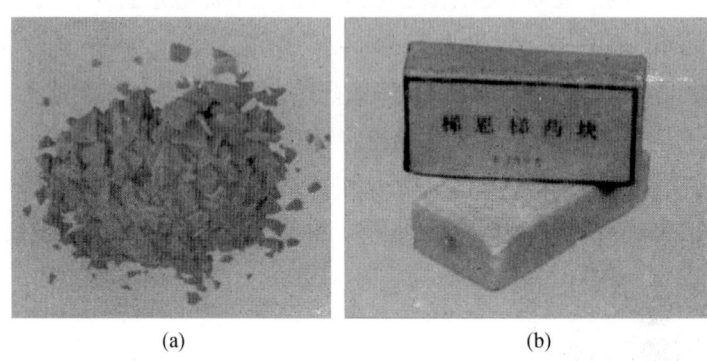

图 1.2 梯恩梯炸药颗粒与药块

混合炸药常用的有以硝铵为主要成分的铵梯炸药(硝酸铵+梯恩梯),以黑索金为主要成分的黑铝炸药(黑索金+铝粉),黑索金与梯恩梯组成的黑梯炸药,梯恩梯与二硝基萘混合而成的梯萘炸药。这些混合炸药的颜色,因种类、成分不同而不同。如黑铝炸药为银灰色,梯萘炸药为土黄色,黑 94 炸药为白色等。

猛炸药的主要特性是比较钝感而且威力较大,即在较大外能(一般为起爆能)作用下,才能爆炸,爆炸时能够产生巨大的杀伤、破坏作用。各种猛炸药由于其结构或成分不同,在爆炸性质上又各有特点,这些特点决定着其各自的主要用途。

梯恩梯炸药具有感度适中,威力足够,理化安定性好,适于长期储存的特点。目前,梯恩梯广泛用作各种弹体装药及爆破用药,以及与其他成分制成混合炸药。

特屈儿炸药,威力比梯恩梯大,但由于感度较大,不宜单独用作弹体装药。其主要用作传爆药、雷管副药和导爆索心药。

黑索金炸药的威力、猛度大,但比较敏感。目前,军事上主要用它制造混合炸药,用于各种成型装药战斗部和小口径榴弹的弹体装药。此外,黑索金还用作传爆药和雷管副药。

太安炸药虽然能量高,但因感度大,在应用上受到限制。目前,太安炸药主要用作导爆索芯药和雷管副药。

3. 火药

在燃烧爆炸性质上,与猛炸药相比,火药具有显著的不同点,即在火焰作用下火药能很快地燃烧。火药燃烧时,可产生高温、高压气体,用以发射弹头或点燃其他药剂。因此,火药主要用作枪弹、炮弹的发射药,以及烟火剂的点火药等。

常用的火药有胶质火药和复合火药2类。

(1)胶质火药。

胶质火药常作为发射药,它燃烧时产生的烟很少,因此又称无烟药。胶质火药包括单基药(硝化棉火药)、双基药(硝化甘油火药)。

①单基药的能量来源是硝化棉,所以叫作单基药。它是用乙醇和乙醚的混合溶剂,将硝化棉溶胀并胶化而制成的火药。为满足长期储存,改善火药性能以及便于加工等,单基药中还加入二苯胺、樟脑和石墨,并保留一定的水分。单基药的颜色有浅黄色、黄色和褐色等。一般单基药药粒表面粗糙,没有光泽,但是表面用石墨处理过的呈灰黑色,有金属光泽。单基药透明性较差,硬而脆,较难弯曲,微具弹性。枪弹用单基药如图1.3所示。

(a)   (b)

图1.3 枪弹用单基药

②双基药的能量来源是硝化棉和硝化甘油2种成分,因而叫双基药,典型的双基药如图1.4所示。双基药是用硝化甘油将硝化棉溶胀并胶化而制成的火药。同样,为满足长期储存,改善火药性能以及加工处理等方面的需要,双基药中还加入了中定剂、二硝基甲苯、苯二甲酸二丁酯、凡士林,以及保留少量的水分等。与单基药相比,因成分不同,双基药外观有明显差别,其颜色有浅黄色、赤褐色和暗褐色等。双基药表面光滑,有光泽,透明

性好,柔软可弯曲。

(2)复合火药。

复合火药包括高分子复合火药(推进剂)和低分子复合火药(黑药)。

图1.4 典型的双基药

①高分子复合火药(推进剂)一般由高分子化合物如橡胶沥青等作为燃料和黏合剂,用过氯酸盐、硝酸盐或有机炸药等作为氧化剂,加入适量能改善火药性能的其他附加物混合而成。典型的火箭用推进剂如图1.5所示。

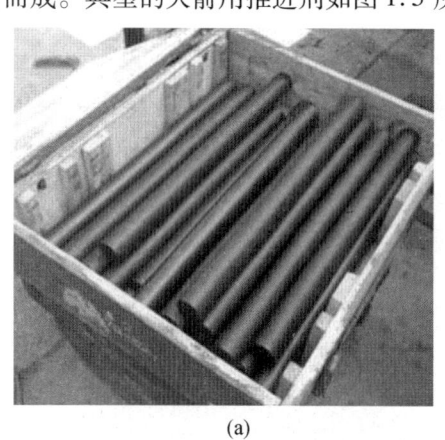

(a)　　　　　　　　　　　　(b)

图1.5 典型的火箭用推进剂

②低分子复合火药(黑药)是由硝酸钾、木炭及硫黄3种物质制成的复合物,由于这种复合物是黑色的,所以通常叫作黑药。黑药燃烧时有烟,所以又称为有烟药。粒状黑药表面光滑,具有光泽,密度较大,颗粒坚实,如图1.6所示。黑药颗粒的坚实性保证了在运输、使用和处理过程中,能耐受较大的震动而不致粉碎,从而保证了燃烧性能。黑药极易被点燃,火焰力量强,能可靠点燃发射药、烟火剂或点爆雷管。密度大的黑药,能有规律地逐层燃烧,可以用作延时药剂。由于黑药具有这样的燃烧性质,因此在弹药中主要用作点火药,以保证迅速、同时点燃全部发射装药。另外,黑药也常用作抛射药、导火索芯药等。

(a)　　　　　　　　　　　　　(b)

图 1.6　粒状黑药

4. 烟火剂

烟火剂是燃烧时能产生光、热和烟等特种效应的药剂,它包括发烟剂、燃烧剂、照明剂、信号剂和曳光剂等。烟火剂一般是由氧化剂、可燃物及黏合钝化剂组成的,其中氧化剂和可燃物是最基本的成分。

(1) 发烟剂。

发烟剂主要有黄磷、红磷、六氯乙烷-氧化锌混合物等。发烟剂燃烧能生成稳定的烟和雾,以达到遮蔽、迷盲和干扰的目的。

(2) 燃烧剂。

常用的燃烧剂有黏胶燃烧剂和钡镁燃烧剂。黏胶燃烧剂是以含氧酸盐、可燃金属粉和橡胶为主要成分的燃烧剂。其制作过程是先将上述成分制成药块,然后用熔化的黄磷把这些药块浇铸在弹体内。这种燃烧剂较易被点燃,燃烧时能产生较强的火焰,温度可达 800 ℃以上,有的高达 2 000 ℃,有一定的黏性,对易燃目标的燃烧效果较好。钡镁燃烧剂是硝酸钡、镁铝合金粉、四氧化三铁及天然橡胶等物质的混合物,燃烧时能生成少量熔渣,温度可达 800 ℃以上。燃烧剂主要用于各种燃烧弹的弹体装药及其他燃烧器材的装药。

(3) 照明剂。

照明剂一般由硝酸盐作为氧化剂,镁粉作为可燃物,天然干性油作为黏合钝化剂。照明剂燃烧时,能产生 2 500~3 000 ℃的火焰,同时火焰中含有大量的灼热固、液体微粒,因此能发出很强的白光而起到照明作用。照明剂常用作照明弹的弹体装药。

(4) 信号剂。

信号剂与曳光剂和照明剂的组成相似,它们与照明剂的不同点是增添了火焰着色剂。常用的红光着色剂是硝酸锶,绿光着色剂是硝酸钡,白光是用较多的镁粉。信号剂用作信号弹的装药,利用药剂燃烧时产生的色光,在较远的距离上进行部队间的联络和指挥。

(5) 曳光剂。

曳光剂用作枪弹、炮弹的曳光管装药，利用它燃烧时产生的色光指示弹道，以利于修正射击。

1.1.2 火炸药的性质

1. 溶解性和吸湿性

常用化合炸药都不溶于水，不吸湿受潮，都可用于水下爆破。但是这些炸药都不同程度地溶于酒精、乙醚和丙酮等有机溶剂。

混合炸药除铵梯炸药易吸湿受潮外，一般都不溶于水，也不吸湿受潮。铵梯炸药的吸湿受潮是由硝酸铵引起的。吸湿受潮后的铵梯炸药，易黏结成块，破坏梯恩梯与硝酸铵混合的均匀性，致使起爆困难，产生半爆或不爆，影响爆炸效果。因此，在保管装有铵梯炸药的弹药时，要特别注意温湿度。

黑药容易吸湿，主要是组成黑药的木炭多孔、硝酸钾不纯造成的。吸湿受潮后的黑药，点火困难，燃速减慢，火焰能力减弱。

烟火剂一般都有一定的吸湿性。吸湿受潮后会显著降低烟火效果，有些药剂在有水分存在时，能发生化学变化而放热、升温，甚至引起自燃。因此，在保管有烟火剂的弹药时，更应该做好防潮工作。

胶质火药有一定的吸湿性。单基药与双基药相比较，由于成分不同，吸湿性也有差异。由于单基药中的硝化棉和醇醚类溶剂比双基药中的硝化甘油吸湿性大，因此，单基药的吸湿性比双基药大2~3倍。火药吸湿后，会造成点火困难，燃速减慢等问题。这样在发射时就容易产生迟发火或不发火，以及膛压、初速下降进而产生近弹等现象。因此，在保管弹药时，就应特别注意温湿度及发射装药的密封性，同时还应定期进行检查和化验。

2. 感度

炸药是由分子组成的，分子又由原子组成，要使炸药爆炸，必须破坏炸药分子与分子、原子与原子的结合力，这就需要外界给予其足够的能量。炸药不同，组成的分子就不同，分子中各原子间的结合力也不同。引起炸药爆炸所需外界能量的大小也不同。也就是说，不同炸药发生爆炸的难易程度是不同的。如雷汞用较小的能量作用即可爆炸，太安要用较大的能量作用才能爆炸，而梯恩梯则需更大的能量才能爆炸。"感度"就是为了表示炸药发生爆炸的难易程度而产生的。

(1) 意义和分类。

所谓炸药的感度就是炸药在外能作用下，产生爆炸变化的难易程度。对难于引起爆炸的炸药，就说它钝感或感度小；容易引起爆炸的炸药，就说它敏感或感度大。一种炸药是敏感还是钝感，是与另一种炸药相比较而得出来的。例如，太安和梯恩梯相比，太安是敏感的,可是要与雷汞相比,太安就比较钝感。

引起炸药爆炸的外能可能是热能、机械能或起爆能。其中热能包括加热与火焰2种;机械能包括冲击、摩擦、针刺及枪弹贯穿4种;起爆能是指较敏感的炸药爆炸后,引起较钝感的炸药爆炸的一种能量。炸药在热能、机械能和起爆能的作用下,引起爆炸的难易程度,分别叫作炸药的热感度、机械感度和起爆感度。

炸药感度,具有重要的实用意义。一方面,根据炸药感度,在弹药的生产、运输、保管和使用时,建立必要的技术安全规则。另一方面,根据炸药的感度正确选择与合理使用炸药。例如,史蒂酚酸铅的火焰感度大,所以在火焰雷管的上层,加上一层史蒂酚酸铅。氮化铅的机械感度小,起爆力大,适用于大威力、高初速弹头引信的需要,由于其感度小,提高了射击的安全性,起爆力大,有利于减少起爆药量,所以在引信雷管中常用氮化铅。黑索金的机械感度大,所以必须钝化或与机械感度小的炸药混合,制成混合炸药,才能作为弹体装药。黑索金、特屈儿的起爆感度大,一般都用来做传爆药等。

(2)常用火炸药的感度。

起爆药在很小的外能作用下就能爆炸,是非常敏感的。常用几种起爆药的机械感度为雷汞>史蒂酚酸铅>氮化铅;火焰感度为史蒂酚酸铅>雷汞>氮化铅。

猛炸药的感度比起爆药低。常用猛炸药的机械感度和起爆感度均为太安>黑索金>特屈儿>梯恩梯。

黑药的火焰感度很高,极易被点燃。黑药的机械感度也比较高,当受到较大的冲击和摩擦时,即可发火或爆燃。黑药的冲击感度比梯恩梯还高,与特屈儿相近。

烟火剂在热能或火焰作用时,都比较难点燃,但当受到冲击时可以爆燃,其机械感度比梯恩梯高得多。因此,在使用和处理装有烟火剂的弹药时,同样应防止强烈的冲击和摩擦,以防发生事故。

胶质火药的起爆感度很低,单独用雷管是不能起爆的,必须使用足够量的传爆药,才可能引起爆炸;而胶质火药的冲击感度比一般猛炸药高,与特屈儿、黑索金相近。胶质火药的火焰感度一般是比较高的,比较容易被点燃。为了保证胶质火药确实被点燃,除装药量很少的枪弹,用火帽的火焰直接点燃外,一般炮弹都是用火帽的火焰点燃点火药(黑药),利用点火药的火焰再点燃发射药。

(3)影响火炸药感度的主要因素。

影响火炸药感度的因素是多方面的,也是比较复杂的,火炸药的分子结构和热化学性质是决定其感度的主要因素。火炸药的物理状态和装药条件对火炸药的感度也有不同程度的影响。

①温度对感度的影响。火炸药的温度升高时,其各种感度均增高。这是因为温度高的火炸药比温度低的火炸药,储藏更多的能量,接收较少的外能就可爆炸。例如,熔化的梯恩梯比固态的梯恩梯的冲击感度要高数倍,和起爆药的冲击感度差不多。

②含水量对感度的影响。火炸药含水超过一定量时,其热感度、机械感度和起爆感度都要降低,燃烧性能发生改变,影响正常作用。如雷汞在干燥状态时,是极其敏感的,但把它散放在水中,就失去爆炸性能。

③表面状态对感度的影响。火炸药的表面状况对火焰感度影响较大。例如,黑药与胶质火药比较,从发火点来看,胶质火药(约180 ℃)应比黑药(约300 ℃)容易点燃,但实际由于胶质火药表面光滑,结构致密,火焰不易钻到药粒内部,而比黑药难点燃。

④装药密度对感度的影响。当火炸药密度大时,其冲击感度、起爆感度和火焰感度都降低。

⑤装填方法对感度的影响。注装药的起爆感度比压装药的低,而枪弹贯穿感度则比压装药高。

⑥杂质对感度的影响。杂质对火炸药的感度有显著的影响,对机械感度的影响更大。

3. 安定性

火炸药的安定性是指其在长期保管中,受温度、湿度及其他条件的影响,保持其性质不变的能力。这种能力越强,说明安定性越好,反之则越差。

起爆药和猛炸药在长期保管中,一般不易因温度或湿度的变化而变质,它们的安定性是比较好的。

黑药、烟火剂比较容易吸湿受潮,而吸湿受潮后的黑药、烟火剂,按其吸湿程度不同,可能出现难以被点燃甚至失效的情况。而某些烟火剂则可能因吸湿分解放热,甚至发生自燃。

胶质火药安定性较差,温度或湿度的变化对于它的弹道性能和保管年限都有较大的影响。胶质火药中的硝化棉很容易吸湿,当保管湿度过大时,胶质火药内部的水分就会增加,射击时燃速减慢,初速下降,就会出现近弹,严重受潮时,还会出现迟发火或不发火等情况。保管温度过高或湿度过低时,会使单基药中的水分、樟脑和剩余醇醚溶剂的挥发加快,含量减少;温度过高还会使双基药中的硝化甘油渗出和挥发,这些都会使射击时火药燃速加快,膛压初速增大,燃烧规律破坏,影响射击精度和安全。温度过低时,会使火药变脆,尤其对双基药更为显著。这样在射击时,药粒就可能破碎,使燃速加快,也会影响射击精度和安全。

1.2 弹药概论

1.2.1 引信

引信是弹丸上一种能够在预定时间、地点,按照预定的方式使弹丸作用的装置,如图1.7所示。大多数弹丸都装有炸药或其他装填物,对于这些弹丸来说,引信是不可或缺的部件。引信性能的好坏,对于弹丸效能的发挥以及勤务处理和射击时的安全关系极大,它是弹药的一个重要组成元件。对于引信的基本要求是可靠作用与确实安全,也就是在射击时一定要在预定的时间、地点,按预定的方式使弹丸作用,在勤务处理和射击时在未到预定时间、地点前,一定不能引起弹丸作用。

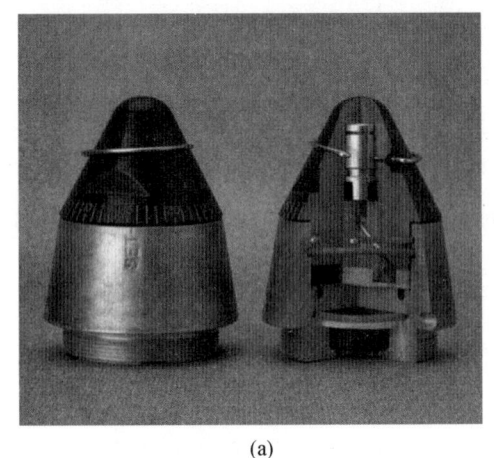
(a)

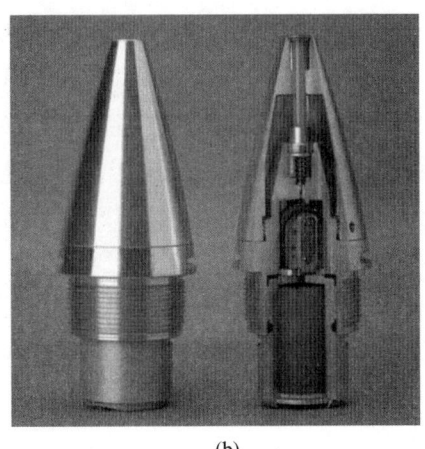
(b)

图 1.7　典型的引信

1. 引信的基本结构

引信的基本结构是由引信的基本要求决定的。为了可靠作用,引信设有发火机构、传爆(传火)系列,有的还有延期机构和装定机构。为了确保安全,引信设有保险机构,有的还设有火帽隔离机构或雷管隔离机构。发火机构的任务是把适当的外能转化为引信所需要的火焰能量或起爆能(电引信则首先转化为电能),一般由击针与火帽或雷管组成。传爆系列通常由火帽、延期元件、雷管、导爆药及传爆药组成。有的引信传爆系列较简单,只有雷管和传爆药。而传火系列最后一个元件为点火药,输出为火焰能量。

从传爆系列来看,从火帽开始到传爆药为止,虽然各元件的感度越来越低,但它们所传递的能量则是越来越大的。这样既有利于保证安全,又有利于保证确实引起弹丸作用。延期机构通常是用延期药缓慢燃烧以取得一定的延期时间。装定机构可以改变引信的传火通道,从而改变引信作用的时间。保险机构通常都有弹簧、支耳等抗力元件,用以支撑击针与火帽使之处于安全状态。火帽隔离机构能堵塞传火孔,以防火帽早发火而引爆雷管。雷管隔离机构能极大地衰减爆轰波以防雷管早炸而引爆传爆药。当然,这些用以保证引信安全的机构都不应影响引信准确作用。因此,都必须在预定的作用时间、地点之前解除保险,成为待发状态。也就是说这些机构除了具有构成保险的功能之外,还必须同时具有解除保险的功能。

2. 引信的分类

弹药的种类很多,它们的结构、性能差别很大,各类弹药对引信都有特殊的要求,因而引信也必然是多种多样的。此外,同一种引信从不同的角度分类,有不同的名称。通常弹药上配用的引信,可分为以下几类。

(1)按用途分类。

按用途分类就是按照引信输出能量的形式进行分类,可分为以下2种。

①起爆引信。起爆引信输出起爆能量,用以起爆弹丸中的炸药。这种引信配用在装有炸药的弹丸上,如榴弹、穿甲弹、破甲弹、碎甲弹、混凝土破坏弹以及炸开式发烟弹和燃烧弹等。这种引信的特点是有雷管和传爆药。

②点火引信。点火引信输出点火能量,用以引燃弹丸中的抛射药。这种引信配用在开舱式弹丸上,如照明弹、宣传弹和空爆抛射式发烟弹等。这种引信的特点是有火帽和点火药,没有雷管和传爆药。

(2)按起爆作用机理分类。

按照起爆作用机理的不同,引信可分为冲击起爆型引信、时间起爆型引信和近感起爆型引信。

①冲击起爆型引信。冲击起爆型引信又称为着发引信,是指弹丸碰着目标才起作用的引信。根据从弹丸碰击目标到爆炸时所经过的时间长短,可细分为瞬发引信、短延期引信和延期引信3类。

a. 瞬发引信。碰击目标瞬间,引信借助于目标反作用力发火,立即引起弹丸爆炸,其作用时间通常小于1 ms。瞬发引信一般用于地面杀伤榴弹、成型装药破甲弹上。

b. 短延期引信。短延期引信又称为惯性(作用)引信,当弹丸碰到目标以后,引信借助惯性部件的减速惯力发火,引起弹丸爆炸。这种引信的作用时间一般在1~5 ms范围内,所以又叫短延期。其侵入目标深度比瞬发引信大,一般配用在杀伤爆破榴弹(对土木工事射击)上。

c. 延期引信。当弹丸钻入目标较深的距离或者在弹丸触地跳起后引起弹丸爆炸。它是借助于引信中的火药延期装置来实现延期的,其作用时间较长,一般为10~300 ms。延期引信主要配用在爆破榴弹、穿甲弹和混凝土破坏弹上。

针对具体的引信型号,着发引信只有一种作用方式的(瞬发、短延期或延期)比较少,通常具有2~3种作用方式。在射击前,根据需要进行引信装定,以达到预期的作用效果。

②时间起爆型引信。时间起爆型引信简称时间引信。这种引信在膛内便开始作用,经过预先装定的时间后,引起弹丸发生作用。

a. 药盘时间引信。药盘时间引信是利用药盘内的延期药均匀缓慢地燃烧而实现时间延期的。由于火药成分、压药工艺的不一致性,以及外界条件(如气温、气压和燃烧压力等)的影响,引信作用的时间误差较大。目前主要配用在空炸精度要求不高的弹丸上。另外,高射炮弹配用引信的自毁机构通常采用时间药盘来实现。

b. 机械时间引信。机械时间引信是用机械钟表结构原理控制时间的,其优点是作用时间比较准确,同时,受气候条件影响较小。

c.电子时间引信。随着电子技术的发展,特别是电子器件抗高过载能力的提高,以及弹载电源技术的突破,电子时间引信应用更为广泛。电子时间引信的优点是作用时间非常准确,缺点是存储寿命一般不如机械时间引信。

③近感起爆型引信。近感起爆型引信又称为近炸引信,它是利用电、磁、声、光和热等原理感应察觉目标,在引信接近目标时,引起弹丸作用。目前,近感起爆型引信主要有无线电引信和电容引信 2 种。

需要说明的是,为了提高作战运用效果,具体的引信型号通常具有多种起爆作用方式。例如,近炸引信一般都具有碰炸作用方式,这样可以更好地发挥弹丸的威力。

(3)按保险程度分类。

按保险程度这种分类方法只适用于起爆引信,具体分为非保险型引信、半保险型引信和保险型引信 3 种类型。它主要指引信在勤务处理和发射时受到相当大的外力作用后,火帽或雷管发生爆炸时引信的安全程度。

①非保险型引信。这种引信在火帽、雷管和传爆药三者之间都没有隔离装置,因此在勤务处理或发射时,无论火帽还是雷管发生早炸,都会引起弹丸爆炸。因而这种引信的安全性比较差。

②半保险型引信。在火帽与雷管之间有保证安全的隔离装置。在勤务处理或发射时,如果火帽早炸,不会点爆雷管,但雷管早炸仍会起爆弹丸。

③保险型引信。这种引信在雷管与传爆药之间有保证安全的隔离装置。在勤务处理或发射时,无论火帽还是雷管早炸,都不会引起弹丸爆炸。这种类型的引信安全性最好。

需要说明的是,无论半保险型引信还是非保险型引信,并不是说它们都是不安全的,因为它们的发火机构仍然有自己的保险机构,所以安全性还是有保证的。只不过是火帽或雷管万一早炸时,安全性就无法保证。对于保险型引信在勤务处理中同样也要注意安全。如果由于运输、搬运使引信解除保险,当时可能未发生事故,以后再受到较大的外力时,同样会发生事故。

(4)按装配部位分类。

按引信装配的部位可分为弹头引信和弹底引信 2 种。有的压电引信部分机构在弹丸头部,有的压电引信部分机构在弹丸底部,则分别叫作头部机构和底部机构,总称为弹头-弹底引信。

1.2.2 弹丸及其装药

战斗部是由引信和弹丸构成的,而弹丸是整发弹药发挥战斗效能的主体。对于战斗用弹而言,主用弹的弹丸内通常装有炸药,特种弹的弹丸内通常装有其他有效载荷。

1. 枪弹

枪弹由弹头、药筒、发射药和底火4部分组成。根据弹种的不同,枪弹可分为普通弹、穿甲弹、曳光弹和燃烧弹等,如图1.8所示。不同弹种之间的差异主要在弹头上,普通弹的弹头通常采用铅质弹芯;穿甲弹的弹头是在普通弹头的基础上增加了强度更高的钢质穿甲体;曳光弹的弹头是在普通弹头的基础上安装了曳光管,以便于射手观察飞行弹道;燃烧弹是在弹头部装填了燃烧剂,可以实现纵火作用。

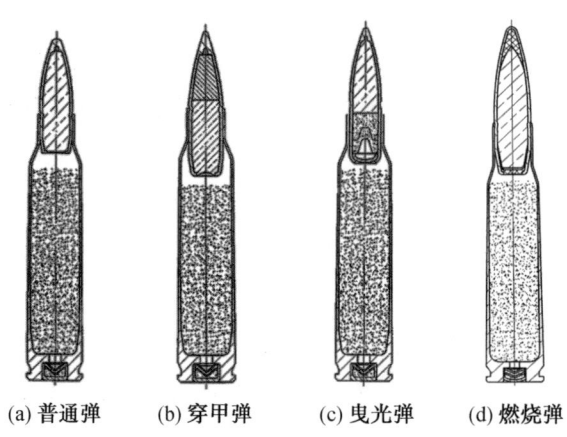

(a) 普通弹　(b) 穿甲弹　(c) 曳光弹　(d) 燃烧弹

图1.8　不同种类的枪弹

2. 后装炮弹

后装炮弹通常由引信、弹丸、发射装药、药筒和底火5个主要部分组成,如图1.9所示。对于杀爆型后装炮弹而言,弹丸内装填有一定质量的猛炸药。弹丸爆炸后,将产生高温高压的爆轰产物、高速破片和冲击波,对周围的目标造成严重杀伤。

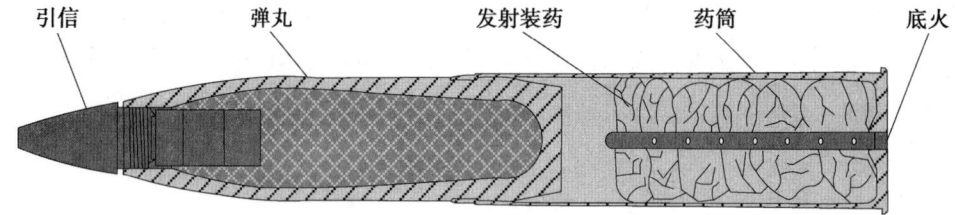

图1.9　后装炮弹的基本结构

3. 迫击炮弹

迫击炮弹通常由引信、弹体、附加药盒(包)、基本药管和尾翼等部分组成,如图1.10所示。对于杀爆型迫击炮弹,弹体内装填有猛炸药。附加药盒(包)和基本药管都属于发射装药,为炮弹的飞行产生动力。

第1章 危险爆炸物概述

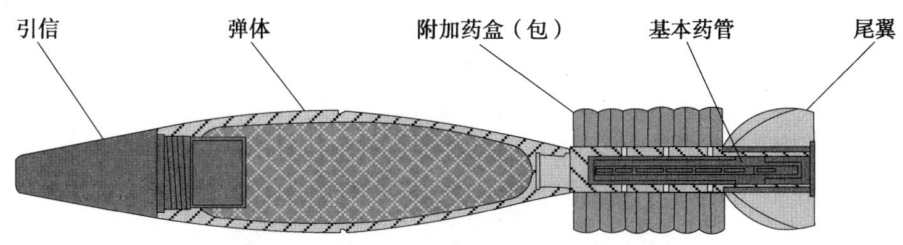

图 1.10 迫击炮弹的基本结构

4. 火箭弹

火箭弹是靠火箭的推力发射的弹药。发射时,燃烧室内的火箭推进剂发生燃烧,产生大量的火药燃气,从喷管高速喷出,将产生与喷管方向相反的推力,推动火箭弹加速运动。火箭弹可分为火箭炮弹(又称为野战火箭弹)和火箭筒弹两大类型。火箭炮配用的弹药是火箭炮弹,典型的火箭炮弹如图 1.11 所示。

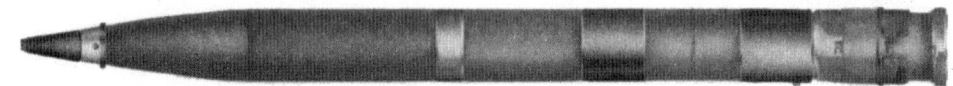

图 1.11 典型的火箭炮弹

火箭筒弹属于单兵便携式弹药(图 1.12)。为了保证射手的安全,火箭筒弹的火箭发动机在弹药完全出筒前必须燃烧完毕,以免烧伤射手。由此可知,这种类型弹药的火箭发动机中推进剂的燃烧厚度较薄,以达到快速燃烧完毕的技术性能要求。

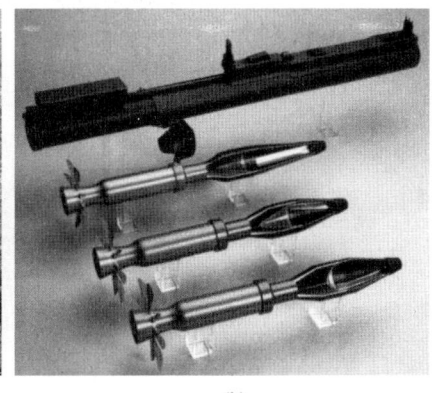

(a) (b)

图 1.12 典型的火箭筒弹及其发射器

在火箭筒弹中,有一种特殊类型的弹药,这种弹药称为火箭助推榴弹,如图 1.13 所示。该型弹药采用无坐力炮发射方式,发射时首先将弹体推出发射具一定距离,而后火箭发动机点火燃烧,使弹体进一步加速,进而达到增大射程的目的。

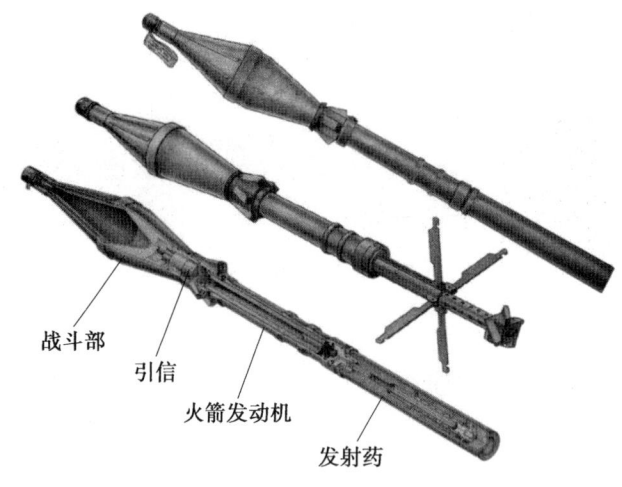

图 1.13　火箭助推榴弹

5. 无坐力炮弹

无坐力炮弹是配用在无坐力炮上的弹药的总称。无坐力炮也是利用火药气体压力发射弹丸的,但它没有后坐力,另外在飞行加速过程中不像火箭弹存在推力偏心的影响,因此其射击精度较高。无坐力炮的膛压较低,为了获得更高的炮口速度,要求弹丸质量轻、壳体薄,因此弹药炸毁处理更为方便可靠。从外形结构上看,无坐力炮弹可分为迫击炮弹型和后装炮弹型,如图 1.14 所示。

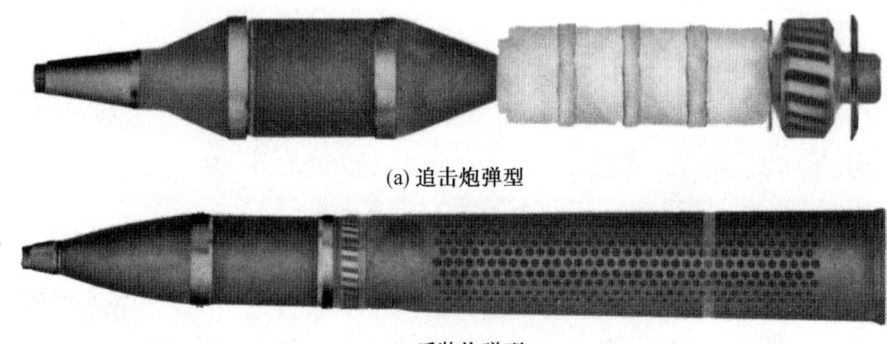

图 1.14　典型的无坐力炮弹

6. 手榴弹

凡是用手投掷的具有杀伤爆破威力或破甲、发烟、燃烧等作用的弹药都称为手榴弹。按照有无手柄,手榴弹可分为有柄手榴弹和无柄手榴弹(又称为手雷),典型的手榴弹如图 1.15 所示。手榴弹的引爆装置通常比较简单。对于杀伤爆破型手榴弹,其弹体内部通常装有猛炸药。

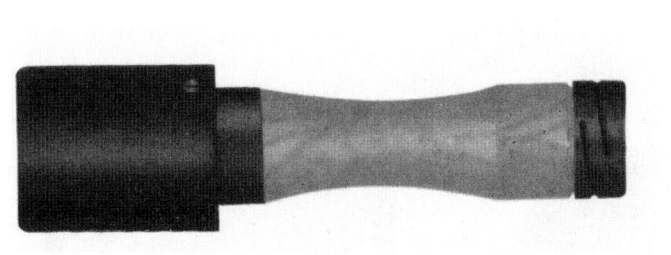
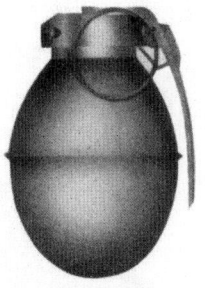

(a) 有柄手榴弹　　　　　　　　(b) 无柄手榴弹

图 1.15　典型的手榴弹

1.2.3　发射装药

发射装药是弹药中的发射药以及各辅助元件的总称。武器系统对发射装药提出的要求有很多,但主要集中在以下 3 点。

(1) 满足武器的威力要求。发射装药能将发射药的潜能(化学能)充分转换为弹丸的炮口动能。

(2) 满足武器的可靠性和安全性要求。发射药能被可靠点燃,燃烧性能满足不同武器系统提出的弹道稳定性要求,不发生胀膛和炸膛等事故,具有低易损性。

(3) 满足武器的勤务处理要求。如提高武器的机动性,改善人员的操作环境,延长武器特别是身管寿命等。

1. 发射装药的组成

发射装药由基本元件和辅助元件组成。其中,发射药是装药的基本元件,典型的炮用发射药如图 1.16 所示,它在装药中所占比例最大,是火炮和其他武器发射的能源。而辅助元件则用于保证在尽可能短的时间内点燃全部装药,使其正常燃烧。

(a)　　　　　　　　　　　　　　(b)

图 1.16　典型的炮用发射药

辅助元件由点火元件和辅助点火药组成。点火元件包括火帽、撞击底火和电底火等,用于直接或间接点燃发射药。在点火元件无法直接点燃发射药时,需要借助由黑火药和速燃硝化棉发射药等制成辅助点火药包,扩大火焰能量,加强点火元件的点火能力。典型的底火与点火药包,如图 1.17 所示。

 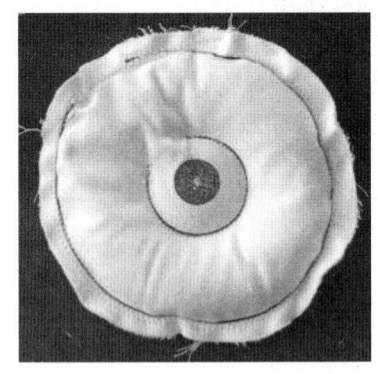

(a) 底火　　　　　　　　　　　(b) 点火药包

图 1.17　典型的底火与点火药包

在有些情况下,辅助元件还包括除铜剂、护膛纸、消焰剂、紧塞具和厚纸装置等,可以起到消除身管内铜屑聚积,减缓发射药燃气对炮膛的烧蚀,消除炮口焰和炮尾焰,在膛内防止发射药燃气泄漏、密封和固定等作用。典型的除铜剂和护膛纸辅助元件,如图 1.18 所示。

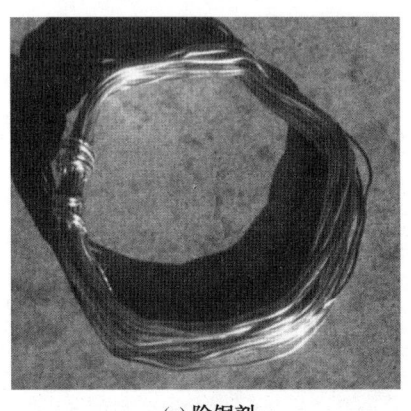 

(a) 除铜剂　　　　　　　　　　(b) 护膛纸

图 1.18　典型的除铜剂和护膛纸辅助元件

2. 装药的分类

装药按射击性质和所完成的任务可分为战斗装药、实习装药和空包装药。战斗装药是指在战斗射击时使用的装药;实习装药是指在测试炮兵兵器和弹药原材料性能,以及实弹射击演习时使用的装药;空包装药是指用于部队演习(不使用实弹时)和鸣放礼炮时的装药。

装药按弹药的装填方式和结构特点,可分为定装式装药和分装式装药。

(1)定装式装药。

定装式装药主要用于枪弹、高射炮弹等中小口径弹药,其特点是药筒与弹药连在一起,药筒内的装药质量固定不变,在相同条件下射击时初速是一定的。根据所达到的弹道效果,定装式装药又可分为全定装药和减定装药,两者的最大区别在于药筒内装填药量的大小。其中,前者可使弹丸获得最大规定初速,而后者则可使弹丸获得比最大初速小的规定初速。对火箭弹、无后坐力炮弹和迫击炮弹等弹药来说,既配有全定装药,还配有减定装药。

(2)分装式装药。

分装式装药主要用于榴弹炮、加农榴弹炮、加农炮弹药和部分加农炮弹或迫击炮弹等中大口径弹药。分装式装药的装药(药筒)与弹丸在包装箱内是分别放置的,发射时按先弹丸、后装药的顺序装填,所以可根据具体要求,在射击前可从装药中取出定量的附加药包,以获得不同的初速等级,使火炮有较大的射程范围和良好的火力机动性。按照装药结构特点,分装式装药又可分为药筒分装式装药和药包分装式装药。药筒分装式装药中,装药装在药筒内,射击时弹丸和药筒分别装填。运输保管中,药筒上加有密封盖,防止装药受潮。药包分装式装药结构中没有药筒,装药被扎成药捆或制成药包,射前在完成弹丸装填后,将药包或药捆直接装入火炮的药室。运输保管中,装药放置在密封箱或密封盒里。为防止气体从炮尾流出,使用该类装药的火炮炮闩上有特制的闭气装置。

3. 装药结构

装药结构是指发射药、点火药和装药的其他元件在药筒和药室中的位置。装药结构直接影响发射药的点燃传火过程和发射药燃烧的规律性,装药结构是否合理对保证弹道性能和其他元件的正常作用至关重要。基于不同的战术技术要求,装药结构多种多样。总的来说,装药结构可分为以下几种类型。

(1)枪弹的装药结构。

枪弹的装药属于药筒定装式装药,是装药结构中最简单的一种。如图1.19所示,将同种牌号的粒状发射药散装在带有底火的药筒内,作用时底火直接点燃发射药。

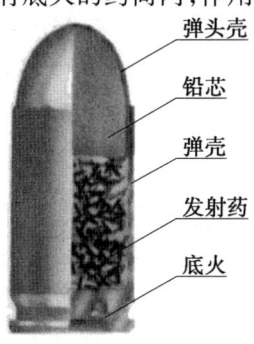

图1.19 手枪弹装药结构图

枪弹装药可分为手枪弹装药和步枪弹装药2类。手枪和冲锋枪枪管短,发射药气体的最大压力也较低,为保证发射药短时间内燃尽,多采用燃层很薄而燃烧面很大(多孔性)的高热量发射药(如多-125或多-45),目前普遍使用球形药和扁形药(异形球形药),国外某些国家还采用双基片状药。

在步枪弹和机枪弹装药中,为保证一定的最大压力和较大的装药量,提高弹丸初速,通常使用增面燃烧和燃速渐增性的硝化棉粒状发射药,或经过钝化处理的片状和单孔粒状硝化棉发射药。步枪枪弹多采用樟脑钝化的单孔硝化棉粒状药或球形药,大威力高射机枪装药则采用七孔硝化棉发射药。有的国家则使用二硝基甲苯或中定剂钝化的硝化棉发射药。对步枪弹而言,为提高装填密度,还通常采用假密度较大、流散性好的小粒药。

(2)线膛炮弹药的装药结构。

线膛炮弹药的发射药装药包括药筒定装式、药筒分装式、药包分装式和模块化装药等几种结构形式。

①药筒定装式。现有中小口径加农炮、高射炮都采用药筒定装式装药。这类装药大部分使用单孔或多孔粒状药,少数则使用管状药。粒状药一般散装在药筒内,管状药捆装后装入药筒内。为可靠点燃发射药,底火上部有少量点火药。

某型高射炮榴弹发射药装药结构,如图1.20所示。发射药是7/14的粒状硝化棉发射药,散装在药筒内。装药用底火和5 g 2号黑火药点火。在药筒内侧和发射药之间装有钝感衬纸,发射药上方装有除铜剂,装药用厚纸盖和厚纸圈固定。

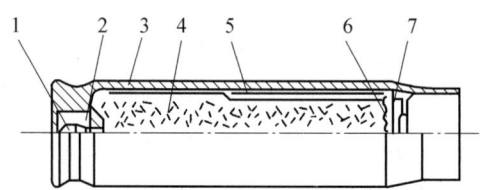

图1.20 某型高射炮榴弹发射药装药结构

1—底火;2—点火药;3—药筒;4—7/14发射药;5—钝感衬纸;6—除铜剂;7—紧塞具

采用多孔粒状药可提高装填密度,且同一种发射药可用在不同的装药中。但若药筒较长,上层药粒点火较困难。粒状药的装药长度大于50 mm时,离点火药较远一端的药粒会因为粒状药传火途径的阻力大,点火距离长,发生难以全面同时点火、延迟点火等现象,点火可靠性较差。为解决可靠点火问题,常采用中心点火管、在装药不同部位放置点火药包或单孔管状药束等结构。

典型大口径高射炮榴弹的发射药装药结构如图1.21所示。该结构采用双芳-3 18/1管状药,用于改善传火条件。装填时,将管状药扎成2个药束,依次放入药筒中。药筒和药束间有钝感衬纸,装药上方有除铜剂和紧塞具。装药靠底火和黑火药制成的点火药包点燃。

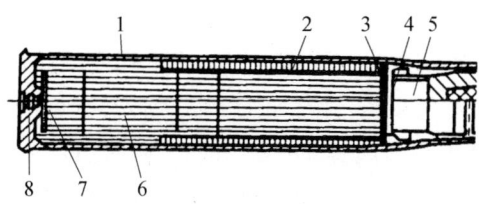

图1.21 典型大口径高射炮榴弹的发射药装药结构

1—药筒;2—护膛剂;3—除铜剂;4—抑气盖;5—厚纸筒;6—发射药;7—点火药;8—底火

某型加农炮弹的发射药装药结构如图1.22所示。因其药筒较长(558 mm),故有附加的点火元件。该型加农炮弹可采用全装药和减装药2种发射药装药结构。

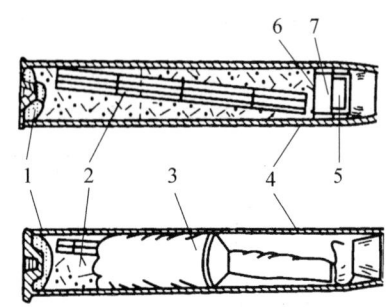

图1.22 某型加农炮弹的发射药装药结构

1—点火药;2—发射药;3—药包纸;4—药筒;5—厚纸盖;6—紧塞具;7—厚纸筒

全装药采用14/7和18/1两种发射药,质量占比为88∶12。装药时,先将18/1药束放入药袋内,装入14/7发射药后,再放除铜剂,药袋外包钝感衬纸后装入药筒内。装药结构中,底火和1号黑火药用于点火,18/1管状药束起传火管作用。

减装药的装药量较少,装药高度达不到药筒长度的2/3。太短的装药燃烧时易产生压力波,使膛压反常增高。当装药高度大于药筒长的2/3时,有助于避免反常压力波的形成,故减装药采用一束管状药,其长度与药筒长度相近。

②药筒分装式。药筒分装式装药主要由混合装药组成可变装药。混合装药可采用单孔或多孔、单基或双基等不同类型的发射药。常用燃烧层厚度小的发射药制成基本药包,用于近程射击;用燃烧层厚度大的发射药制成附加药包,与基本药包一起用于远程射击。为方便使用,附加药包大都采用等质量药包。

单独使用基本药包射击时,必须达到规定的最低初速和解脱引信保险的最小膛压,而全装药必须达到规定的最高初速且不超过允许的最高膛压。

因口径较大,点火都采用底火和辅助点火药包。装药结构不同,辅助点火药包放置位置也不同,可集中放在药筒底部,也可分散放在药筒的其他多个位置。

盛装变装药的药包布能阻碍药包之间的传火,因此,要求药包布有足够的强度,不妨碍火焰传播,射击后不留残渣。常用的药包布有人造丝、天然丝、亚麻、棉花、硝化纤维等药包布和赛璐珞等。

药包结构和位置直接影响点火和弹道性能的稳定程度,也影响阵地操作和射击勤务。

某大口径榴弹炮的发射药装药结构,如图 1.23 所示,其中的附加药包分上下两组共 8 个,内装 12/7 发射药,基本药包内装 4/1 发射药。盛装黑火药的 2 个点火药包分别放置在基本药包的上、下两侧。下点火药包药量为 30 g,位于底火上方,基本药包下方;上点火药包点火药量为 20 g,位于基本药包和附加药包之间。

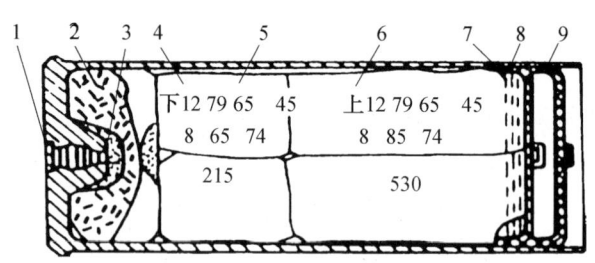

图 1.23 某大口径榴弹炮装药结构

1—底火;2—基本药包;3—点火药;4—下药包;5—药筒;6—上药包;7—除铜剂;8—紧塞具;9—密封盖

某型加农炮的减变装药结构如图 1.24 所示,其中的发射药由粒状药和管状药组成。基本药包内装填 12/1 和 13/7 两种发射药,装药有 2 个瓶颈部,附加药包是 2 个等重 13/7 药包。装药时,将圆环形消焰药包放在底火凸出部周围后,再放基本药包。由于基本药包内有管状药,故装药能沿药室全长分布。药筒口部位置有 2 个等重附加药包,每个附加药包分成 4 等分,呈四边形分布在基本药包周围。

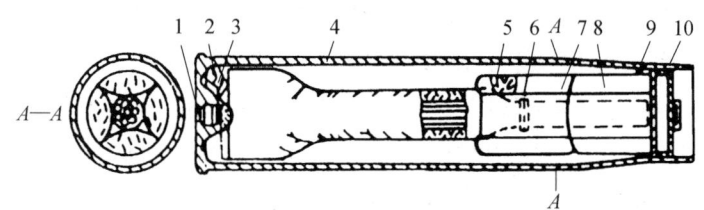

图 1.24 某型加农炮减变装药结构

1—底火;2—消焰剂;3—点火药;4—药筒;5—基本药包;6—除铜剂;
7—等重附加药包;8—钝感衬纸;9—紧塞具;10—密封盖

③药包分装式。大口径的榴弹炮和加农炮多使用药包分装式装药结构,其结构与药筒分装式装药相似,区别在于采用药包盛装发射药。用绳子、带子、绳圈对药包进行捆绑,便构成药包分装式结构。这种装药平时保存在密封箱内,射击时直接放入火炮药室内。

药包分装式装药可采用 1 种或 2 种发射药。采用该种装药结构时,如 1 种组合装药就能满足几个等级初速的要求,则只选择 1 种组合装药,否则需要选用 2 种组合装药。

某大口径榴弹炮装药结构如图 1.25 所示。该装药结构由两部分组成,第 1 部分为减变装药,包括 1 个基本药包和 4 个等重附加药包。基本药包和附加药包都采用 5/1 发射药,装在丝制的药包内。基本药包上缝有 85 g 黑火药点火药包。第 2 部分为全变装药,由基本药包和装有 17/7 单基药的 6 个丝质等重药包组成。基本药包上缝有点火药包,内装 200 g 大粒黑火药。

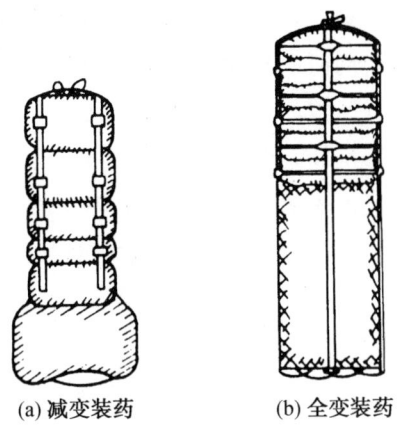

图 1.25 某大口径榴弹炮装药结构

④模块化装药。近年来,一些弹药中采用硬质可燃容器取代布袋,用来装填不同质量的发射药及装药元件,构成模块化装药。射击时,可根据不同的射程要求采用不同的模块组合以获得不同的初速。

模块化装药可分为全等式和不等式 2 类。全等式所用装药模块完全相同,通过改变模块数即可满足不同的初速和射程要求。目前,常用的模块化装药采用不等式双模块装药结构,即用两种模块的多种组合来满足不同的初速要求。

(3)滑膛炮弹药的发射药装药结构。

①迫击炮装药结构。迫击炮弹的发射药装药通常采用由基本装药(基本药管)和附加药包组成的药包(药盒)分装式装药结构,如图 1.26 所示。平时,基本药管、附加药包分别包装存放;射击时,装上基本药管后,再根据射程要求装上适当数量的附加药包。

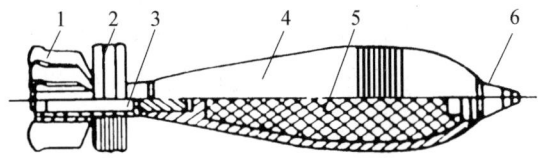

图 1.26 迫击炮装药结构
1—尾翼;2—附加药包;3—基本药管;4—弹体;5—炸药;6—引信

因迫击炮膛压低、弹丸行程短,故通常采用高燃速、薄弧厚的片状、带状和环状等双基药。

典型的迫击炮弹基本装药是由黑火药和双带发射药构成的基本药管。基本装药既是小号装药,又是辅助装药的点火具。辅助装药是内装双环发射药的细麻布药包,共有 3 个等重药包,可组成4种装药结构:0号装药采用基本药管,1~3号装药则分别采用基本药管加上1~3个辅助药包,如此便可得到不同的初速。

目前迫击炮弹已经采用类似模块化装药的结构,用可燃药盒替代布质药包,药盒内装有球形药或粒状双基药(常用的是双醋粒状药、球形药等多种小粒药)。其中,药盒壳体的成分是硝化棉、药盒布、增塑剂(如癸二酸二烯酯)和安定剂(如2号中定剂)等。

②无坐力炮弹发射药装药结构。有气体由炮尾流出是无坐力炮弹的弹道特征,反映在装药上:第一,无坐力炮大都是低压火炮,为在低压下的发射药能正常燃烧,装药点火器的点火强度要高;第二,火药气体流出可能会携带未燃完的药粒,装药结构应考虑如何减少未燃发射药的流失问题;第三,与初速相同的一般火炮相比,装药量大约要多出2倍;第四,装药结构应能建立一个稳定的喷口打开压力;第五,为适应低压的弹道特点,应该采用多孔或带状的高热量、高燃速发射药。

无坐力炮弹发射药装药有2种:多孔药筒线膛无坐力炮装药和尾翼稳定滑膛无后坐炮装药。

a. 多孔药筒线膛无坐力炮弹发射药装药结构。多孔药筒线膛无坐力炮装药结构与线膛火炮的定装式装药类似,如图1.27所示。

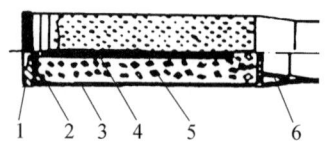

图1.27 某型多孔药筒线膛无坐力炮装药结构
1—底火;2—内衬纸筒;3—药筒;4—传火管;5—发射药;6—纸筒

该装药结构由底火和装有20 g黑火药的传火管组成点火件,发射药为9/14高钾单基药,多孔的药筒内装有牛皮纸筒。射击时,传火管内的黑火药被底火点燃后,燃气从传火管小孔喷出点燃发射药,发射药燃气压力达到特定值后,部分发射药燃气冲破纸筒从小孔流入药筒外的药室,部分通过喷管流出。装药结构中,传火管用于增加点火强度,多孔药筒能防止未燃火药流失,而通过改变纸筒厚度和药筒孔径可以控制喷口打开压力,因此能获得稳定的弹道性能。

b. 尾翼稳定滑膛无后坐炮弹发射药装药结构。尾翼稳定滑膛无坐力炮弹发射药装药结构与迫击炮弹装药结构类似,如图1.28所示。其中,尾管内有点火器,点火药为大粒黑火药,放在纸管内构成点火管。尾管上有传火孔,尾管外绑有装填双带发射药的药包。尾翼上端有塑料挡药板,尾翅下端有塑料定位板。射击时,火药气体打碎定位板从喷口流出,此时的压力是打开喷口时的压力。这种装药结构比多孔药筒线膛无坐力炮装药紧凑,火炮更轻,但发射药流失较大,弹道性能不易稳定。

③高膛压滑膛炮弹发射药装药结构。高膛压火炮能使穿甲弹获得高初速。现有的高

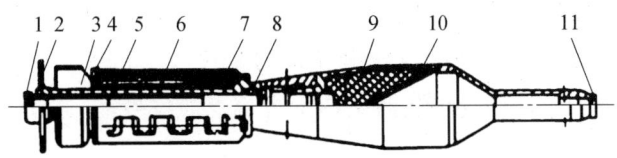

图 1.28　某型尾翼稳定滑膛无坐力炮装药结构图

1—螺塞;2—定位板;3—尾翼;4—挡药板;5—点火管;6—药包;7—传火孔;8—尾管

膛压火炮的膛压可达 800 MPa,弹丸初速达到 1 800 m/s。常用滑膛炮发射高速穿甲弹,以减少炮膛烧蚀。

该类装药结构有 3 个特点:一是有较高的装填密度,常采用多孔粒状药和中心点火管点火;二是有尾翼的弹尾伸入到装药内占据部分装药空间,点火具长度有限制;三是常用可燃的药筒和元器件,有助于提高装药总能量和示压效率;简化抽筒操作,提高发射速度,改善坦克内乘员的操作环境。

由于坦克内空间有限,为便于输弹机操作,将药筒分为主、副 2 个药筒,副药筒和弹丸相连。图 1.29 和图 1.30 分别示出了某型坦克炮穿甲弹的主药筒和副药筒的装药结构。主药筒装粒状药,底部有消焰药包,传火用中心传火管。为增加传火效率,在主、副药筒间设有传火药包。副药筒距底火较远,影响粒状药的瞬时同时点火,故在副药筒中有用于传火的管状药。

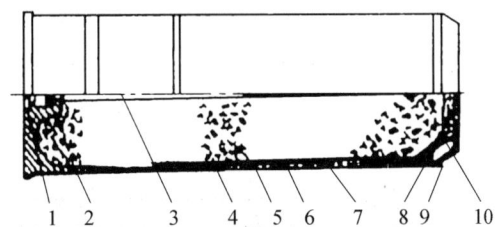

图 1.29　某型坦克炮穿甲弹的主药筒装药结构

1—底火;2—消焰剂药包;3—可燃传火管;4、5—粒状药;6—可燃药筒;
7—防烧蚀衬纸;8—上点火药包;9—密封盖;10—紧塞具

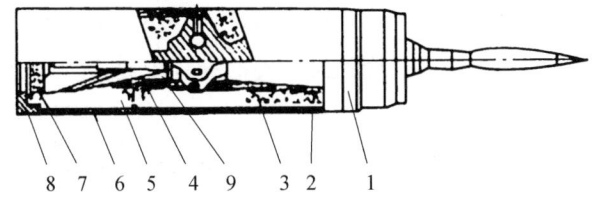

图 1.30　某型坦克炮穿甲弹的副药筒装药结构

1—弹丸;2、3—粒状药;4—管状药;5—副药筒;6—防烧蚀衬纸;7—点火药包;8—底盖

(4)特种发射药装药。

①炮射导弹发射装药。炮射导弹是利用火炮发射的导弹。由于导弹的火箭发动机尾

部几乎延伸到药筒底部,占据了大部分药室容积,故仅有狭长的环状空间可盛装发射药。

由于药筒内装填的发射药较少,炮射导弹的初速较小(200～400 m/s),膛压较低(40～60 MPa),因此要求能在这种装药结构下可靠点燃发射药,并使发射药在低压下能尽快燃尽。

典型的炮射导弹装药结构如图1.31所示。发射时,点火药点燃发射药推动弹丸运动。为了增加传火效果,常使用管状药,有时在发射药中间加传火药袋。

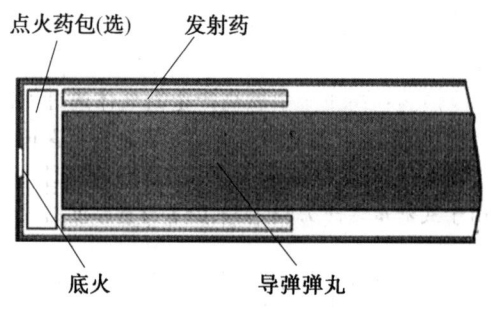

图1.31 典型的炮射导弹装药结构

②双药室装药。双药室装药用于具有串联双药室的火炮,在膛压不高的情况下可提高弹丸的初速。如图1.32所示,串联双药室装药结构包括主药室装药和副药室装药2部分,其发射过程可分为3个阶段:第1阶段,点火具点燃主装药,达到启动压力后燃烧气体推动活塞、副药室和弹丸一起运动,弹丸推动卡瓣运动;第2阶段,当主药室压力达到一定值后点燃副药室火药,此时活塞、副药室和弹丸仍一起运动,弹丸仍推动卡瓣运动;第3阶段,当副药室压力大于主、副药室压力差时,弹丸与活塞分离,此时卡瓣带动弹丸运动。

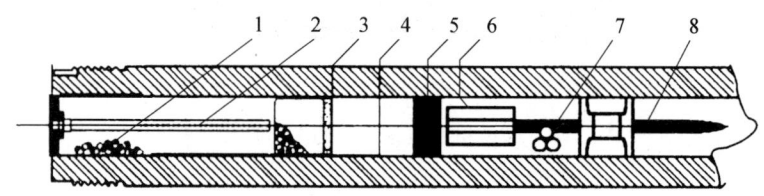

图1.32 串联双药室火炮发射原理图

1—主药室发射药;2—主药室点火管;3—固定盖;4—药筒;5—活塞;6—尾翼;7—副药室发射药;8—弹丸

③高低压药室装药。一些小口径榴弹发射器的身管较短,为保证发射药在膛内燃尽,并降低枪口压力,必须使用如多-125等速燃发射药。速燃发射药的使用会增加膛压,进而增大武器质量,降低其携行能力,但如采用高低压室装药结构有助于解决该问题。典型的高低压室发射装药结构,如图1.33所示。

装药在高压室中燃烧产生的气体通过喷口到达低压室,由进入低压室的燃气推动弹丸运动。该结构可保证发射药在高压室燃完,充分利用了发射药的能量,同时降低了武器所承受的压力,减少了身管厚度和武器质量。

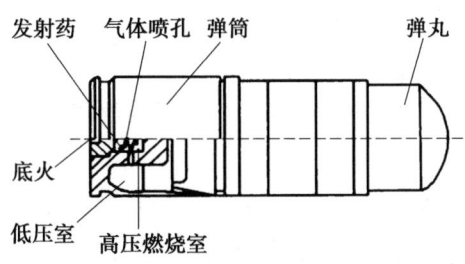

图 1.33 典型的高低压室发射装药结构

1.2.4 固体推进剂

1. 基本情况

火箭推进剂系统(又称火箭发动机)的出现,突破了身管武器因膛压条件限制不能进一步提高射程的瓶颈。典型的固体火箭发动机结构主要由推进剂、燃烧室、点火器和喷管组成,如图 1.34 所示。

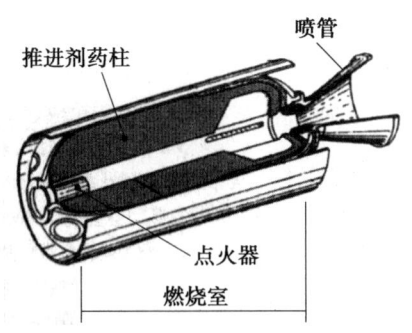

图 1.34 典型的固体火箭发动机结构

火箭发动机的工作过程由点火过程、燃烧过程和燃气在喷管内的流动过程构成。推进剂在燃烧室内燃烧,由化学能转化为热能,生成高温高压燃气,燃气通过喷管膨胀加速,将热能转换为动能。高速向后喷出的燃气与空气作用产生反作用力(推力),构成了火箭(导弹)推进的动力。

推进剂是发动机工作的能源和工质源。按照各组分在常温常压下呈现的物态,可将推进剂分为液体、固体和混合推进剂。其中,液体推进剂用于航空航天领域、弹道导弹和早期的导弹,混合推进剂的使用仅限于航空航天领域;固体推进剂在航空航天、战略战术导弹和各类火箭中广泛应用。据统计,目前 85% 的火箭弹、导弹上使用的皆为固体推进剂。

按照主要组分间是否存在相界面,将固体推进剂分为均质推进剂和异质推进剂。按推进剂装药的特征组分,固体推进剂可分为双基系推进剂和复合推进剂 2 种。其中,双基系推进剂又可分为双基推进剂、改性双基推进剂和交联改性推进剂 3 类。

火箭发动机对固体推进剂的基本要求有如下几点。

(1) 能量性能好。即比冲高、密度大。

(2) 燃烧性能好。在发动机中燃烧时应有一定的规律性,燃烧稳定性好,受压强、初温影响小。

(3) 储存性能好。物理化学安定性和相容好,经长期储存后,性能无明显变化。

(4) 力学性能好。药柱承受生产、储存、勤务处理和发射过程中的各种环境载荷作用后,装药结构完整性不受影响和破坏。

(5) 安全性能好。对外界的意外能量刺激(机械作用、静电、热、冲击波等)钝感,无毒或低毒,生产、使用和销毁中产生的废气和污水不会造成严重污染环境。

(6) 工艺性能好。便于发动机生产和装配。

(7) 羽流特性好。要求发动机尾端燃烧产物的辐射小,烟的羽流(火焰和浓烟)不明显,有利于提高战场生存能力。

(8) 经济性能好。原材料来源广,成本低。

2. 双基推进剂

双基推进剂属于均质推进剂,是最早使用的固体推进剂,多用于早期的野战火箭弹、航空火箭弹、空-地导弹、舰-舰导弹等战术火箭和导弹的发动机主装药。其主要成分与双基发射药相似,有硝化棉、硝化甘油、中定剂和二硝基甲苯等。与双基发射药不同,为保证在固体发动机燃烧室较低的工作压强下稳定燃烧,并满足调节燃速大小、减小燃速受外界温度和压强影响等内弹道性能要求,以及力学性能要求,双基固体推进剂配方中加入了燃烧催化剂、燃烧稳定剂等特征成分和工艺附加物。

(1) 燃烧催化剂与燃烧稳定剂。

燃烧催化剂主要用于改变燃速,有增速和降速2类。增速燃烧催化剂种类繁多,常用的有铅、镁、铜、钛、镍、锰等金属氧化物,铅和铜的有机酸盐和无机酸盐。降速燃烧催化剂的种类较少,常用的是樟脑、多聚甲醛、草酸盐、磷酸盐和氧化镍。

燃烧稳定剂主要用于消除推进剂的不正常燃烧,增加燃烧稳定性,常用的燃烧稳定剂有氧化镁、氧化钴、钛酸钙、苯二甲酸铅和石墨等。

燃烧催化剂与燃烧稳定剂还可用于调节燃速与燃烧压强的关系,以及燃速的温度敏感性,对改进发动机内弹道性能起着重要作用,因此也叫弹道改良剂。弹道改良剂的含量通常仅占双基推进剂质量的1%~4%,但它是双基推进剂中重要的特征组分。

(2) 工艺附加物。

双基推进剂药柱多采用压伸成型工艺制成,有管状、柱状、星孔状和异形孔状等药体形状,其外圆直径为15~350 mm,甚至更大。增加双基推进剂中硝化棉的含量是提高其强度的重要途径,但同时会带来可塑性降低、加工困难、危险性增加等问题,故常加入凡士林、硬脂酸锌、石蜡和光泽剂石墨等工艺附加物,以减少生产中药料的内摩擦,并改善工艺性能。由于能量较低(实测比冲为 1 962～2 300 N·s/kg)、使用温度范围窄(-50～50 ℃),药柱高温软化,低温变脆,燃烧临界压力高,只能采用压伸成型工艺,不易生产更大尺寸的药柱等原因,近些年生产的火箭弹和导弹已不再使用双基推进剂。

3. 改性双基推进剂

改性双基推进剂属异质推进剂,是以硝化甘油增塑的硝化纤维素塑胶弹性体和(或)聚氨酯等高分子材料为黏合剂,加入氧化剂和金属燃料及其他添加剂组成的多相混合物,故又称复合改性双基推进剂(compsite modified double-base propellant,CMDB)。实测结果表明,加入氧化剂和金属燃料后,改性双基推进剂的能量有了一定的提高。比如,高氯酸铵改性双基推进剂的实际比冲为 2 502 N·s/kg。

由于能量较高,改性双基推进剂已经取代双基推进剂,在单兵火箭弹、小口径战术火箭弹和导弹上广泛应用。

(1)氧化剂。

氧化剂在改性双基推进剂中具有多种作用:

①通过热分解提供推进剂中可燃元素所需的氧;

②作为黏合剂基体的固体填料,提高推进剂的弹性模量和机械强度;

③产生发动机工作所需的部分气体工质;

④通过控制其粒度大小及级配,调节推进剂的燃烧速度。

氧化剂应具备有效含氧量高,生成焓高,密度大,分解、燃烧时无凝聚相产物,气体生成量大,物理化学安定性好,与黏结剂等成分相容性好等特点。目前,固体推进剂中广泛使用的氧化剂包括高氯酸铵、黑索今和奥克托今。

高氯酸铵在固体推进剂中具有相容性好、气体生成量大、生成焓大、吸湿性小、成本低、综合性能较好等优势,是常用的氧化剂之一。高氯酸铵为白色结晶,易溶于水,20 ℃ 时溶解度为 17.25%。加热时分解,在真空中缓慢加热至 150 ℃ 开始分解($2NH_4ClO_4 \rightarrow N_2 + 2O_2 + 4H_2O + Cl_2$)。高氯酸铵在温度高于 400 ℃ 时迅速分解,分解产物可与许多有机物质发生燃烧和爆炸反应,但其反应产物中的 HCl 为固体成分,且分子量大,与 H_2O 结合会形成白烟,具有较强的腐蚀性。

黑索今和奥克托今都是固体推进剂中较为理想的氧化剂,且二者性能基本相似:均为高能硝铵类炸药,气体生成量大、无烟、不吸湿;生成焓高,在燃烧时产生大量的热,爆热分别为 6 025 kJ 和 6 092 kJ;具有良好的热安定性和储存性能,且与其他组分的相容性好。固体推进剂中,高能炸药可部分取代高氯酸铵,但因其氧平衡是负值,若用高能炸药全部取代推进剂中的高氯酸铵,则会使能量降低。

上述两种氧化剂和双基黏合剂制成的改性双基推进剂具有高能、无烟等良好性能。目前,改性双基推进剂中应用较多的是黑索今。

(2)金属燃料。

金属燃料主要用于提高推进剂的燃烧热,抑制发动机的不稳定燃烧,提高推进剂的密度。对其要求是燃烧热大,密度高,与推进剂中其他组分的相容性好,耗氧量低。燃烧热值是推进剂中金属燃料的重要指标,但并非所有高燃烧热值金属燃料都可用于推进剂。由于铍的氧化物剧毒、资源稀有,在推进剂中燃烧不完全;单质锂不稳定、密度小;硼的价格高、难以持续燃烧,某些关键技术还有待突破等原因没有得到应用或应用范围较窄。目前推进剂中使用较多的金属燃料是铝粉和镁粉。铝粉的燃烧热虽低,但其耗氧量小,密度高,故可采用提高铝粉含量的办法提高推进剂的能量。同时因铝粉具有原材料丰富、成本较低等优点,故应用最为广泛。

(3)黏合剂。

改性双基推进剂中采用以硝化甘油增塑的硝化纤维素塑胶弹性体的单基黏合剂。该类黏合剂与增塑剂构成了黏合剂的固化系统(又称黏合剂系统)。该黏合剂系统的固化属物理过程,在加热条件下,增塑剂经过扩散进入高聚物(黏合剂)分子间,将颗粒状或粉状的高聚物变成宏观上均匀、连续的固体,完成固化过程。该黏合剂系统常温变硬,温度升高到一定程度又会软化呈塑性,故称之为热塑性黏合剂。由于采用该类黏合剂,故改性双基推进剂只能采用挤压方式成型。

4. 交联改性双基推进剂

与改性双基推进剂相比,交联改性双基推进剂(cross-linked compite modified double base propellant,XLDB)的黏合剂为双基黏合剂,由硝化甘油增塑的硝化纤维素塑胶弹性体与交联剂共同组成。常用交联剂为二异氰酸酯和聚酯聚氨酯(如聚己二酸乙二酯,PGA)等高聚物。交联剂分子上的多个官能团能与硝化棉分子上多余的羟基反应,使硝化棉分子间产生适当交联,形成交联的网状结构。这种双基黏合剂高温不软化,低温弹性好,有效提高了推进剂的力学性能。力学性能的提高,可使得推进剂中加入更多的金属燃料和氧化剂,有效提高了推进剂的能量。该类推进剂可采用浇铸成型工艺,制成大尺寸的药柱。

5. 复合推进剂

复合推进剂是以高聚物黏合剂为基体并填充有含能固体填料的复合材料,因其具有更高的能量和良好的综合性能,故在中大口径火箭弹、导弹中广泛应用。

复合推进剂的组分包括氧化剂、黏合剂、金属燃料或其他高能添加剂、固化剂和交联剂、增塑剂、燃速催化剂、键合剂、防老剂等。与改性双基推进剂相比,复合推进剂中的氧化剂和金属燃料基本相同,但质量占比较大。复合推进剂中,氧化剂和金属燃料的质量占比分别为60%~85%和3%~20%。

(1)黏合剂。

黏合剂是复合固体推进剂中最重要的组分之一,其作用是:

①提供推进剂燃烧所需的可燃元素(如 C、H 等);

②与增塑剂等液态组分一起,容装固体组分,使推进剂药浆具有较低的黏度和较好的流平性,以保证真空浇注等装药工艺;

③黏合剂预聚物固化交联后,形成连续的黏合剂相,作为推进剂的弹性基体,使推进剂具有一定的形状和力学性能;

④其分解产物与氧化剂分解产物反应,生成气态燃烧产物作为发动机的工质。

复合固体推进剂对黏合剂的基本要求是:

①标准生成焓高;

②气态分解产物的平均分子量低,无凝聚相产物;

③玻璃化温度低,以保证复合固体推进剂低温储存时和燃烧前在黏弹态下工作;

④黏合剂预聚物黏度较低,流动性好;

⑤与推进剂其他组分的相容性好,物理、化学安定性好。

固体推进剂的发展是建立在黏合剂发展基础上的,故现有的复合推进剂都以黏合剂的种类进行分类。按照黏合剂的类型,可以将固体复合推进剂分为聚硫橡胶推进剂、端羧基聚丁二烯推进剂、端羟基聚丁二烯推进剂、聚醚推进剂和丁腈羧推进剂。

端羟基聚丁二烯(HTPB)是性能优良的黏合剂,具有预聚物黏度低、固化后力学性能适中、抗老化能力强等优点,是目前复合固体推进剂中应用最为广泛的黏合剂,但能量较低限制了其在高能推进剂中的应用。20 世纪 70 年代,美国率先开发的以聚缩水叠氮甘油醚(GAP)为代表的叠氮黏合剂,标准生成焓为正值,具有能量高、密度大、力学性能良好(玻璃化温度低)、感度低和排气烟雾小等优点,是黏合剂高能化的趋势。

(2)交联剂和固化剂。

复合固体推进剂中,交联剂用于交联黏合剂预聚物,防止推进剂药柱成型后发生塑性流动,并保持规定的力学性能。固化剂的作用是利用固化剂的活性官能团和黏合剂预聚物的活性官能团反应,产生适度交联,或形成网状结构固化,或扩链后再与交联剂反应固化,使推进剂具有一定的形状和力学性能。

黏合剂的结构、化学性质和官能团不同,所需固化剂和交联剂也不同。有时一种物质可同时起固化剂和交联剂的作用。

从整体功能上看,固化剂、交联剂和黏合剂构成了复合固体推进剂的黏合剂系统,使其成为热固性黏合剂系统。固化过程中,黏合剂(液态预聚物)和固化剂、交联剂发生聚合反应,使原来线性的液体黏合剂预聚物进一步聚合成有适度交联网状结构的热固性高聚物。固化后,黏合剂由液态转变成有良好力学性能的推进剂弹性基体,升温不能使其变软,并与固体填料一起,呈现出一定的力学性能。

对固化剂和交联剂的要求包括:①固化剂应该是两官能度以上的化合物,交联剂应该是三官能度以上的化合物;②固化剂或交联剂与黏合剂预聚物反应时,不产生小分子气体副产物,反应热要小;③固化或交联反应最好是常温固化,无后固化现象;④固化反应速率适中,避免反应速率过高造成药浆未完全浇注进模具便失去流动性,以及反应速率过低造成固化时间长和生产周期长等问题。

(3)增塑剂。

复合固体推进剂中,增塑剂用于降低推进剂药浆的黏度,改善药浆的流动性;降低推进剂的玻璃化温度,改善推进剂的低温力学性能。

复合固体推进剂对增塑剂的要求是:

①不参与固化反应;

②与推进剂其他组分的相容性好;

③沸点高,凝固点低,挥发性小。

常用的增塑剂有邻苯二甲酸二丁酯、邻苯二甲酸二辛酯、癸二酸二辛酯、壬二酸异癸酯和己二酸二辛酯等。

(4)键合剂。

为了改善固体推进剂中氧化剂和黏合剂界面之间的黏结强度,常在推进剂配方中加入万分之几到千分之几的键合剂。键合剂在推进剂中的含量很少,但作用很大。键合剂大多是一些小分子极性化合物,一端与无机氧化剂相连,并在其表面上发生聚合反应,形成高模量的抗撕裂层;另一端通过某些化学反应与黏合剂母体连为一体,从而增强界面层的黏结,提高推进剂的力学性能。

对键合剂的要求是:

①键合剂和氧化剂有较强的物理吸附或化学作用,应该是氧化剂的一种溶剂,但不溶于黏合剂,从而保证在工艺过程中能均匀地分布到氧化剂颗粒表面;

②必须能转变成高聚物,其官能团的数量应不小于2;

③必须能与黏合剂基体形成化学键。

常用的键合剂包括醇胺类、四亚乙基五胺类、硅烷、硼酸酯、钛酸酯和三聚异氰酸酯衍生物等。

除上述组分外,复合固体推进剂中还有为调节燃速的燃速调节剂;为防止黏合剂受空气氧化的防老剂(常用的是酚类、氮丙啶类和胺化合物);调节固化速度的固化促进剂和抑制剂;降低药浆黏度的稀释剂(如苯乙烯)等附加成分。

第 2 章　未爆弹药的识别

未爆弹药识别是未爆弹药安全处理的前提,是未爆弹药处理的关键环节。通过识别可以预先判断未爆弹药的类型、型号、装药位置、壳体壁厚,甚至于引信可能的安全状态等信息。

2.1　未爆弹药的基本状态

受地形、地貌、地物、地质,以及着靶速度、姿态的影响,未爆弹药的基本状态非常复杂。按所处的位置,未爆弹药可存在于地表、半地下、地下、水下和悬挂在空中等。其中,位于地表、半地下和悬挂在空中的未爆弹药易被发现、定位和识别,而位于地下和水下的未爆弹药难以被发现。位于地表、半地下和悬挂在空中的未爆弹药,如图2.1所示。

　(a) 位于地表　　　　　　　(b) 位于半地下　　　　　　(c) 悬挂在空中

图2.1　位于地表、半地下和悬挂在空中的未爆弹药

对于位于地表的未爆弹药,其弹体完全外露,便于识别、测量和销毁;对于位于半地下的未爆弹药,由于其侵入地表一定深度,且战斗部装药往往位于弹体前部(特别是火箭炮弹),可供识别的特征较少,炸毁处理时也需要将战斗部外露,因此处理过程较为复杂;对于悬挂于空中的未爆弹药,由于这种弹药处于不稳固状态,处理过程中不慎落地受到冲击可能发生爆炸,因此处理过程应做好安全防护工作。

对于位于地下和水下的未爆弹药,随着雨水的冲刷或河床的干涸,未爆弹药可能会暴露在地表,进而被人们发现。如果发现、处理不及时,容易被人员捡拾,可能造成人员伤亡。

2.2 未爆弹药的分类

根据外观形态不同,未爆弹药可分为完整未爆弹药、破损未爆弹药2类。

(1)完整未爆弹药。

完整未爆弹药是指弹体和引信结合良好,且弹体和引信均无变形的未爆弹药。如未爆弹药配用触发引信,未正常起爆的原因主要是由于地面松软无法提供足够的触发力;如未爆弹药配用近炸引信或时间引信,未正常起爆的原因主要是由于引信存在故障。

(2)破损未爆弹药。

破损未爆弹药主要有4种情况。第1种情况是引信缺失的未爆弹药,此类未爆弹药产生的主要原因是着靶时横向外力过大,使引信变形脱离弹丸,这种未爆弹药危险性较低。第2种情况是引信已经发火,但主装药半爆或未爆,此类未爆弹药产生的主要原因是药剂失效,不能正常传爆。第3种情况是弹体破损变形的未爆弹药,其主要原因是弹体着靶过程受到较大外力作用,发生折断或变形。第4种情况是带有随进装药结构的弹药或子母弹子弹,其一级战斗部已经爆炸,而随进装药或子母弹子弹没有爆炸。

根据引信状态和危险程度的不同,可将未爆弹药分为3个危险等级。第1危险等级的未爆弹药是指引信解除保险或状态不明的未爆弹药,这种未爆弹药最危险,在处理过程中应做好安全防护措施;第2危险等级的未爆弹药是指引信未解除保险的未爆弹药,这种未爆弹药存在一定的危险性;第3危险等级的未爆弹药是指引信缺失的未爆弹药,这种类型的未爆弹药比较安全。在未爆弹药的处理过程中,实际上很难判断未爆弹药的引信是否解除了保险,在这种情况下应按照第1危险等级的未爆弹药来进行处理,以确保安全。

2.3 未爆弹药的识别

在实际操作过程中,可以通过外部特征信息来识别未爆弹药,其中具体信息包括弹药标志、弹体、引信、尾翼和弹带等。

2.3.1 根据标志识别

弹药标志是指用规定的汉字、汉语拼音字母、阿拉伯数字、符号和颜色等,表示弹药及其元件、部件的名称、特征和生产(或装配)的批次、年份、工厂等的记号。堪用弹药的表面均有弹药标志,通过弹药标志可以容易地查询到弹药的具体参数。但是,受发射、飞行、着靶、风吹、日晒、雨淋和锈蚀等环境因素的影响,大多数未爆弹药难以依靠弹药标志进行识别,如图2.2所示。当弹体没有标志或标志不清时,就只能通过其他特征来识别和判断弹药的型号了。

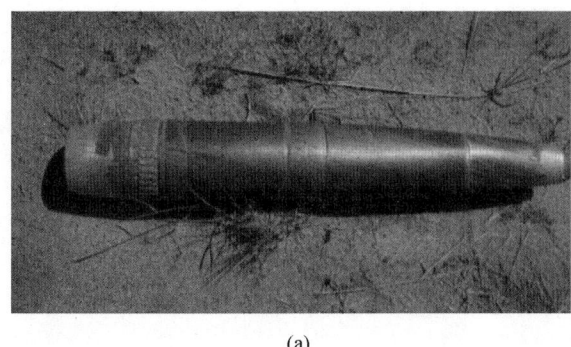

(a)　　　　　　　　　　　　　　(b)

图 2.2　典型的未爆弹药外观

2.3.2　根据弹体识别

弹体是未爆弹药识别的重要信息载体,可以通过弹体的形状、口径和长度等信息,初步判断未爆弹药的型号。因为武器平台的数量是非常有限的,每个武器平台搭载武器的口径也是固定的,通过未爆弹药口径就能初步判断武器的口径。另外,通过弹体形状可初步判断弹药的战斗部类型,如图2.3所示。图中的弹药采用杆式头部,这是明显的破甲弹的特征,一般配给直瞄武器,因此可以排除榴弹炮或加榴炮所配用弹药的可能性。

图 2.3　采用杆式头部的未爆破甲弹

2.3.3　根据引信识别

引信是未爆弹药上的重要部件,其具体状态对于未爆弹药处理过程的安全性至关重要。当未爆弹药上仍保留有引信时,首先应根据引信的位置,初步判断弹药的类型。如果弹药头部没有引信,则弹药大概率是破甲弹或穿爆弹(穿爆型攻坚弹),如图2.4所示。

如果弹丸与引信相分离,则弹丸的处理过程安全性较高,发生爆炸的可能性很小。但是,对脱离弹丸的引信,仍应采用就地炸毁的方式销毁,操作人员也应采取高等级的防护措施,以防发生危险。不带引信的未爆弹药及未爆的引信,如图2.5所示。

对于某些具有特殊外形特征的引信,如上面有数字或刻度标识的,如图2.6所示,表明该引信一般为时间引信。对于时间引信,弹丸通常是开仓式弹药或空爆榴弹。如果弹丸的口径较大,一般为开仓式弹药,如照明弹、子母弹等。

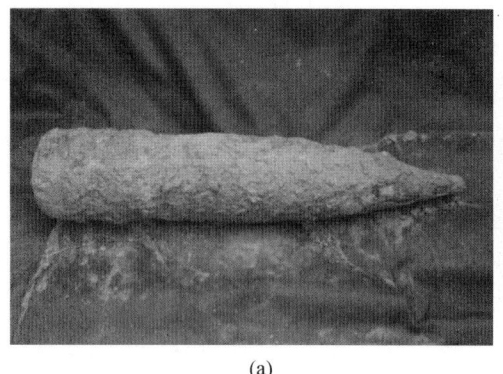

(a)　　　　　　　　　　　　　　　　(b)

图 2.4　头部没有引信的穿爆弹

(a) 不带引信的未爆弹药　　　　　　　　(b) 未爆的引信

图 2.5　不带引信的未爆弹药及未爆的引信

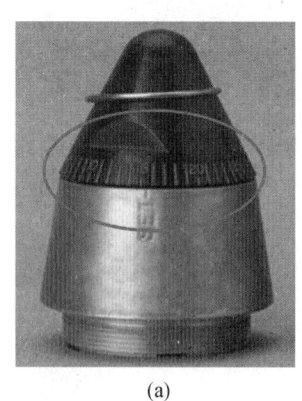

(a)　　　　　　　　　　　　(b)

图 2.6　典型的电子时间引信

对于某些引信口部有凹洞，侧面有小孔的情况，通常表明该引信配有涡轮发电装置或涡轮解保装置。配有涡轮发电装置或涡轮解保装置的引信，如图 2.7 所示。配有涡轮解保装置的引信多用于迫击炮弹；配有涡轮发电装置的引信表明该引信一般为机电引信，其起爆可能依靠电力方法，因此处理过程中应特别防护，以防发生危险。

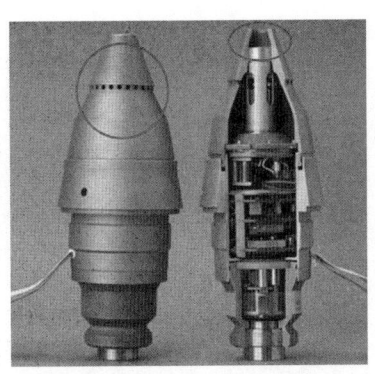

图2.7 配有涡轮发电装置或涡轮解保装置的引信

2.3.4 根据尾翼和弹带识别

尾翼是弹丸飞行稳定的重要部件,对于非旋弹药而言,尾翼不可或缺。需要注意的是,采用尾翼飞行稳定方式的弹药,为了提高命中精度,也经常采用低旋转方式。通常,采用尾翼飞行稳定方式的弹药采用滑膛炮发射,发射后弹带处没有膛线痕迹,典型的尾翼稳定未爆弹药如图2.8所示。

(a)　　　　　　　　　　　　　　(b)

图2.8 典型的尾翼稳定未爆弹药

弹带是密闭发射燃气的部件。对于旋转稳定的弹丸,弹带是使弹丸旋转起来的主要部件。在发射过程中,弹带会嵌入膛线,从而在弹带上会发生咬合痕迹,旋转稳定未爆弹丸上的弹带形式如图2.9所示。这种现象是区分线膛炮和滑膛炮的重要特征。

(a)　　　　　　　　　　　　　　　(b)

图2.9　旋转稳定未爆弹丸上的弹带形式

当然,对于某些线膛炮,其配用的弹药也可能依靠尾翼来实现飞行稳定,但这种类型的弹药通常采用宽度和厚度均较小的滑动弹带。

第3章 危险爆炸物应急处理技术

应急销毁危险爆炸物旨在消除爆炸危险源,阻止对手使用和防止秘密弹药的信息外泄。应急销毁的目标是使弹药彻底报废,销毁其中的含能材料,使弹药失去其原有的爆炸毁伤能力。

3.1 应急销毁作业

3.1.1 应急销毁概述

在危险爆炸物应急处理过程中,是否销毁、销毁方法以及销毁哪些物品取决于多种因素,其中包括战术态势、弹药数量与所需时间、弹药安全保密级别、可用的物资和人员等。

1. 战术态势

当前的战术态势在很大程度上影响着是否决定紧急销毁弹药和销毁方法。有多少时间可用是首要考虑的因素,决定着销毁工作的重点和方法。如果时间允许,应急销毁的决策应该由更高层的指挥机关做出。但是,弹药保障单位或弹药转运和暂留点的负责人可能需要决定是否进行应急销毁,以防止对手获取并使用这些弹药。

2. 弹药数量与所需时间

销毁所需物资的数量与销毁弹药所需的时间,与待销毁弹药的总量及其繁杂程度有很大关系。应急烧毁或应急炸毁都需要大量的准备时间。通常烧毁速度更快,因为它几乎不受烧毁量的限制,而炸毁需要控制单次炸毁量,并且要设置场地、准备炸药包和布设引爆系统等。

3. 弹药安全保密级别

如果可能,必须对涉密弹药进行评估。如果条件不允许,应首先销毁涉密弹药。为保证完全销毁,涉密弹药应使用最可靠的方法销毁。

4. 可用的物资和人员

在危险爆炸物应急处理过程中,如果没有足够的销毁物资或易燃材料,销毁方法就会受到很大限制。在这种情况下,销毁必须使用烧毁或其他可行的方法进行。人员是应急销毁作业的主体,在销毁过程中具有至关重要的作用,只有受过应急销毁作业训练并特别熟悉待销毁危险爆炸物的人员方可执行销毁作业。

3.1.2 作业规划

应急销毁处理工作存在一定的危险性,因此事前必须进行周密的组织和充分的准备,并制订实施计划,以保证安全顺利地开展任务。在工作过程中,应制订安全预案,经上级批准后,方可实施。

1. 计划制订

应急销毁计划由负责危险爆炸物储存和处理的各个层级的人员共同制订完成。应急销毁必须作为一个模块纳入弹药保障单位的标准作业程序。为确保该计划完整可行,应由技术过硬的人员和管理与技术部门拟定。

弹药保障单位或弹药转运和暂存点的人员必须受过应急销毁方法和程序方面的培训。所有人员必须十分熟悉本单位应急销毁标准作业程序和销毁方法。

2. 优先顺序

应急销毁的优先顺序由战术局势、弹药保障单位或弹药转运和暂存点所储存的弹药种类所决定。销毁计划和标准作业程序必须规定清楚应急销毁的优先顺序。

应急销毁的优先顺序可分为4个等级。第1等级包括涉密弹药、相关手册、记录、报告、测试装置和设备等。第2等级包括可直接用于反击和无须武器系统即可使用的弹药,例如手榴弹、火箭筒弹等。第3等级包括没有包含在前两个等级内,但具有杀伤、摧毁能力的弹药。第4等级包括不具有杀伤、摧毁能力的弹药,以及烟火类弹药,如信号弹、照明弹等。

3. 销毁方法

销毁方法的选择应基于以下原则:破坏弹药从而使之无法在作战区域通过维修或同型装配恢复至可使用的状态。

实际销毁方法或在某个战术形势下使用的方法取决于应急销毁的时间、人员、弹药类型和可用方式。具体的销毁方法主要包括烧毁法和炸毁法。尽管烧毁法用时较少,但不推荐对所有类型的弹药均使用烧毁法,因为这种方法很难实现彻底销毁。为保证足够的火势,应使用柴油、汽油或其他合适的易燃、可燃物品,其中发射药是一种很好的燃料。执行得当的炸毁法对于彻底销毁弹药极为有效。应急销毁小组必须熟悉对不同类型的弹药,引爆炸药放置多少、如何放置、放于何处,以便彻底销毁或使其无法被对手使用。

4. 注意事项

无论使用哪种销毁方法、战术形势如何紧迫,都必须遵守安全处理规定。只有经过训练、经验丰富的人员才可以执行应急销毁程序。应急销毁作业的人数由安全需求来决定。安全方面的考虑包括待销毁的弹药类型和数量、弹药保障单位或弹药转运和暂存点的规模等。在整个作业过程中,至少要有2个人在场。

如果战术形势允许,必须与可能受到应急销毁作业影响的单位提前协调并向其示警,以防止出现伤亡事故。

无论使用何种销毁方法,在销毁火箭弹、导弹等自推式弹药时必须要特别小心。自推式弹药在被引爆或烧毁时可能将弹体发射出去。因此,此类弹药必须按未爆弹药来销毁处理。火箭弹和导弹不应朝向友方单位,因为在应急销毁过程中,它们可能会误射并飞向其所指的方向。

在应急销毁作业中如需使用电起爆器或遥控起爆器,必须在距离无线电发射装置至少400 m以外才能操作。

3.2 作业用爆破器材

采用烧毁或炸毁方式处理危险爆炸物时需要用到相应的爆破器材。

根据爆炸输出能量的形式,爆破器材分为点火器材和起爆器材。通常称拉火管、导火索等输出火焰冲能,用于点燃其他可燃对象的为点火器材;称导爆索、导爆管、雷管等输出爆轰冲能,用于起爆爆炸元件或装药的为起爆器材。

3.2.1 拉火管

拉火管主要用于点燃导火索,有塑料拉火管和纸拉火管2种。塑料拉火管主要由拉火帽(内装发火药)、管壳、拉火丝、摩擦药和拉火杆等组成,典型的塑料拉火管如图3.1所示。拉火帽中发火药配方为氯酸钾、三硫化二锑和二氧化铅(石墨),拉火丝为镀锌铁丝,拉火丝上涂有摩擦药(配方为赤磷和三硫化二锑),拉火杆材料为塑料或木材。使用时,将长为18～22 mm的导火索插入拉火管内,用力拉出拉火丝,拉火丝与火帽内的药剂相互摩擦发火,随即点燃导火索。纸拉火管的结构与塑料拉火管相似,尺寸略大,在拉火管上有导火索卡,使用时将导火索插入导火索卡(带6个牙的金属筒)内固定。

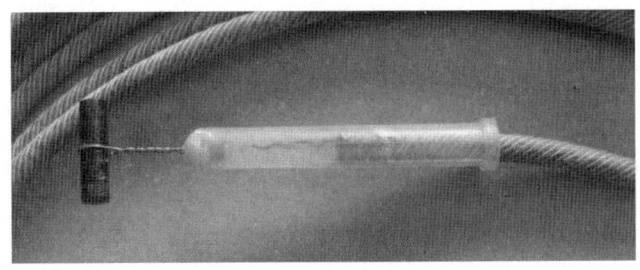

图3.1 典型的塑料拉火管

拉火管易吸湿,故密封包装不能随意,开封后要及时恢复密封。使用时出现未发火或点不燃导火索的情况多因火帽掉药或无药、药量过小或发火药受潮、拉火丝摩擦药受潮或掉药太多等造成。出现吹出导火索而未点燃情况时,其原因是火帽药量过大、火帽压药表面虫胶漆过多、管壳内径不匹配,排气槽较小或导火索外皮线黏结不牢固(插入拉火管时,外皮线堆积在管壳口部而堵塞排气槽)等造成。

3.2.2 导火索

导火索是一种用于传火和延期,其外形为绳索状的火工品。导火索主要用来引爆火焰雷管。按照用途,导火索可分为军用导火索和工业导火索。按照延期时间不同,工业导火索又可分为普通导火索(延期时间较短,药芯含木炭)和石炭导火索(延期时间较长,药芯含石炭)。按其包缠物种类,导火索可分为全棉线导火索、三层纸工业导火索及塑料导火索等。这里重点介绍军用导火索。

1. 结构

军用导火索分为手榴弹用、普通和塑料导火索,其外径及药芯尺寸略有不同。军用普通导火索外观为白色,主要由芯药、芯线、牛皮纸、棉线和防潮层等组成,如图3.2所示。芯药通常使用9类黑药(粉状黑药),是导火索的能源;药剂中有4根并股棉线组成的芯线,用于导引黑火药燃烧,并保证导火索不易被折断;药芯外有3层白色棉麻线缠绕的包覆层,用于固定装药、保证强度和防潮;包覆层外为防潮层,由两层牛皮纸和沥青组成。

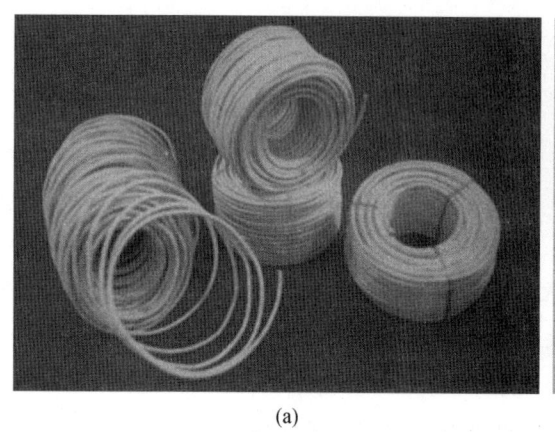
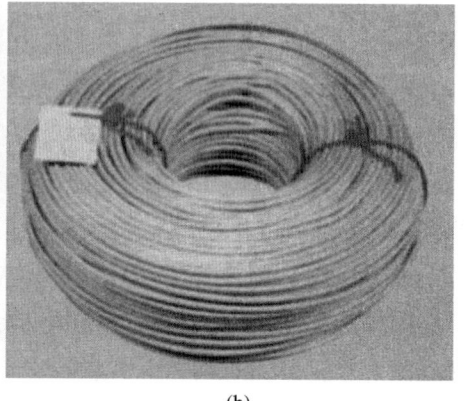

(a)   (b)

图3.2 典型的军用导火索

2. 作用过程

导火索的作用包含3个阶段。第1阶段为引燃阶段。当以足够的热能使药芯达到燃点后,导火索被点燃。该阶段黑药的反应速度很小,反应速度的增长较慢。第2阶段为燃烧阶段。药芯引燃后产生的气体和固体生成物,从引燃端和索壳排出;固体生成物与内层包线形成排气通路,使火焰沿着药芯向前传递,形成稳定的均匀燃烧,直至药芯接近燃尽。该阶段中,燃烧生成物中硫化钾等物质的自动催化作用使黑药反应速度增加很快,直至增大到最大值。第3阶段为喷火阶段。导火索燃烧至尾端时,由于黑火药燃烧时具有气体压力和热冲量,瞬间喷出火焰,引爆雷管。

3. 性能及注意事项

导火索的直径为 5.2~5.8 mm,每卷导火索长度为 100 m;燃速比较均匀,一般为 1 cm/s,长度为 1 m 的质量完好导火索,应能在 100~125 s 燃完;取 2 根 0.1 m 的导火索,用 1 根导火索点燃另一根时,有效喷火距离不小于 50 mm;在燃烧过程中应无爆声、中途熄灭及透火现象,允许有烧焦、沥青渗出等现象。

导火索的使用有效期为 2 年,储存中要注意防潮、防弯折。使用前应检查导火索外观,不合格部分要剪除,受潮、发霉、变质的不能使用。

3.2.3 导爆索

导爆索的外形与导火索相同,但药芯装药为猛炸药,通常用雷管起爆并输出爆轰能量,用于起爆爆炸装药。导爆索的外观为红色,以示与导火索的区别。导爆索适用于无沼气、无粉尘爆炸危险的场所,除用于引爆药包外,也可用于金属切割、爆炸成型和爆炸焊接等。

按药芯用药,导爆索可分为黑索今导爆索和太安导爆索;按包覆材料,导爆索可分为棉线导爆索、塑料导爆索和金属壳导爆索;按用途,导爆索可分为军用导爆索、工业导爆索、震源导爆索、安全导爆索、油井导爆索和延时用导爆索等。这里重点介绍军用导爆索。

1. 结构

军用普通导爆索有棉线导爆索和塑料导爆索 2 种。棉线导爆索的结构与导火索类似,如图 3.3 所示。塑料导爆索结构与棉线导爆索也基本相似,不同之处在于前者外层涂敷热塑性塑料,更适用于水下爆破作业。

图 3.3 典型的军用普通导爆索

2. 性能及注意事项

棉线导爆索的直径为 5.2~6.0 mm,每卷导爆索长度为 50 m;可用 8 号工程雷管直接引爆,爆速不低于 6 500 m/s;在 1 个压装的 200 g 梯恩梯药块上缠绕 3~4 圈应能直接起爆;7.62 mm 步枪距离 50 m 射击不爆炸;索芯端面被火焰或导火索点燃时,不允许爆炸。

导爆索的使用有效期为2年。导爆索切忌弯折,以免药芯移位,产生爆炸中断现象。

3.2.4 导爆管

导爆管是塑料导爆管的简称,是一种由爆炸冲能引爆,用于传播爆轰波的索类火工品。与导爆索相比,导爆管直径较小,爆速较低,结构也较为简单。

1. 结构

塑料导爆管是内壁涂有薄层炸药粉末的空心塑料软管,如图3.4所示。塑料管由热塑性塑料制成,既是导爆管的外壳,又是导爆药涂敷的载体,还是导爆药形成低速爆轰约束条件与传播低速爆轰波的媒介。少量导爆药涂敷在管壁表面,且分布不连续。导爆药由奥克托今(91%)和铝粉(9%),外加约0.25%的石墨或者硬脂酸钙组成。

(a) (b)

图3.4 典型的塑料导爆管

2. 传爆过程

导爆管的起爆有轴向起爆和侧向起爆2种。轴向起爆通常用电火花或火帽冲能在导爆管端部起爆,而侧向起爆时外界激发冲量作用在导爆管管壳。

受到一定强度冲击波能量作用时,管壁强烈受压(侧向起爆)或管内腔受到激发冲量的直接作用(轴向起爆),使管内壁的混合药粉涂层表面产生迅速的化学反应。反应放出的反应热一部分用来维持管内的温度和压力,另一部分用来使剩余药粉继续反应。反应产生的(中间)产物迅速向管内扩散,与空气混合后再次产生剧烈的反应。爆炸时放出的热量和迅速膨胀的气体支持前沿冲击波向前稳定传播而不衰减,同时前移的冲击波又激起管壁药粉产生爆炸变化,如此循环下去,爆轰波在导爆管稳定传播。

虽然导爆管中装药量少且不连续,但冲击波仍能够在其中稳定传播,其中有2个原因:一是传爆爆炸过程存在管道效应,管道效应主要是管壁能够阻止或减少爆炸产物的侧向飞散,减少侧向能量损失,相当于增大了装药直径;二是管的直径小、长度大,外界对其干扰较小,这对冲击波的传播有利。

3. 性能

导爆管直径一般不大于 2 mm,爆速为 1 600～2 000 m/s,被起爆后要经历 30～40 cm 的爆轰成长期(距离)。明火不能引爆导爆管,但受明火作用后能平稳地燃烧,无爆炸声,但能在火焰中见到许多亮点。

3.2.5 雷管

按照起爆能量形式,雷管可分为火焰雷管和电雷管等。按作用时间,雷管可分为瞬发雷管和延期雷管。瞬发雷管的作用时间不大于 12.5 ms,而延期雷管包括毫秒延期雷管、半秒延期雷管和秒延期雷管。按装药形式,雷管可分为单式雷管和复式雷管。单式雷管中只装雷汞或者雷汞-氯酸钾混合物,复式雷管装有起爆药和猛炸药。因复式雷管安全性高,故应用广泛。

不同雷管在结构上的区别在于其引火装置和延期引爆元件不同。在性能上的区别则在于起爆能力和延期时间不同。这两个参数是雷管的重要指标,工程上分别用号数和段别来表示。

单式雷管出现后,把不同威力的雷管按起爆力大小编成了 10 个号数(1～10 号),称为标准雷管。雷管号数越大,装药量越多,起爆力越大。复式雷管出现后,仍以标准雷管的起爆力为标准,当起爆力相同时,采用标准雷管的号数。实践证明,6 号和 8 号雷管已能满足工程爆破要求,且使用最多的是 8 号雷管,而其他号数的雷管仅用于炸药的起爆感度实验。工程爆破中,对较钝感的炸药用 8 号雷管,较敏感的炸药用 6 号雷管。如果用 8 号雷管不能起爆,则需使用传爆药柱。

雷管的段别用延期间隔区分,段别不同,延期时间不同。如 200 ms 的延期雷管分为 9 个段号,段号为 0 时,延期时间为 0 ms,段号为 9 时,延期时间为 200 ms,相邻段号雷管的延期时间差(段长)为 25 ms。

1. 火焰雷管

火焰雷管(简称火雷管),它靠火焰(通常为导火索燃烧火焰)能量起爆,然后引爆装药或导爆索。军用 8 号铜火雷管属于瞬发雷管,其典型结构如图 3.5 所示。

管壳是雷管的结构件,用于装配其他元件,盛装和保护雷管装药,限制爆轰产物的侧向飞散,缩短爆轰成长期,并加强轴向起爆能力。管壳由铜、铝、纸或塑料等材料制作,采用何种材料与装药有关,不同材质管壳的火雷管如图 3.6 所示。为避免药剂和金属作用,装雷汞时采用铜、铁或纸;装氮化铅时用铝或纸,不能用铜;装二硝基重氮酚时可采用铜、铝、铁、纸等。结构上,管壳口部留有空位,用于插入导火索;另一端根据聚能作用原理将其制成凹形结构。雷管爆炸后,除产生爆轰产物外,管壳还会产生可增强起爆能力的金属碎片及金属射流。

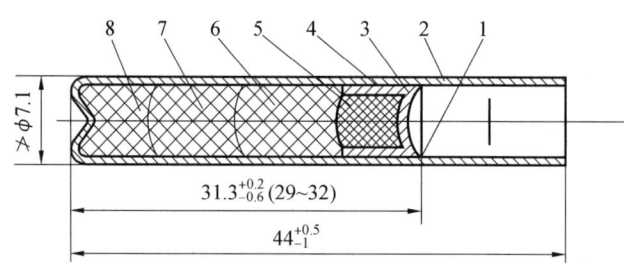

图 3.5 军用 8 号铜火雷管结构

1—硝基密封漆;2—管壳;3—加强帽;4—绸垫;5—起爆药;6、7、8—猛炸药

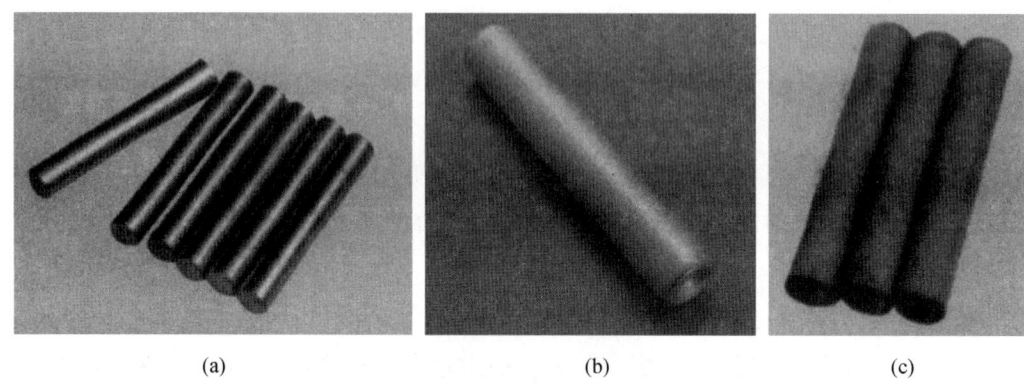

图 3.6 不同材质管壳的火雷管

雷管的装药采用正、副装药相结合的方式。与火焰接触的部分为正装药(雷汞或氮化铅等起爆药),军用 8 号铜火雷管正装药为雷汞;如为铝或铝合金外壳,则起爆药采用氮化铅,并在其上表面压一薄层火焰感度大的史蒂酚酸铅或采用 D.S 共沉淀起爆药;正装药下方黑索今等猛炸药是雷管的副装药。为保证可靠起爆,图中的起爆药、猛炸药的装填密度,从右至左依次减少。

加强帽在雷管中起到提高管壳抗力,提高起爆药装填安全性,密封起爆药和减少起爆药产物逸出缩短爆轰成长期等作用。加强帽由铜、铝和铁等材料冲压而成,其中心有传火孔,用于使火焰能通过该孔激发起爆药爆炸。传火孔内有一绸垫,以防起爆药散失和起到防潮作用。

使用时将导火索插入雷管,并与加强帽接触。点火器材点燃导火索后,产生的火焰通过加强帽的传火孔点燃起爆药,起爆药由燃烧转为爆轰后,引爆猛炸药,雷管最终输出爆轰能量、破片和射流。

军用 8 号火雷管能直接起爆所有的压装猛炸药,但起爆熔铸梯恩梯装药时需加扩爆药柱。由于内装起爆药,火雷管感度灵敏,遇到冲击、摩擦或火花等外界作用均可能引起爆炸。雷管进水受潮后容易失效,在潮湿地点或水中使用时应严密防潮。军用火雷管的储存期为 15~20 年。

2. 导爆管雷管

导爆管雷管是导爆管和火雷管的组合体。作用时间上,导爆管雷管既有瞬发的,也有各种段位的。目前使用最多的是毫秒延期导爆管雷管,其多用于露天工程爆破。

导爆管延期雷管主要由导爆管、卡口塞、延期件和火雷管组成,如图 3.7 所示。导爆管通过卡口塞与延期火雷管连接构成。其中,卡口塞有两个作用:一是固定和密封,将导爆管与延期雷管壳体紧密连接,避免延期药受潮;二是消爆,橡胶卡口塞本身带有锥形空腔,其空腔(通常称为消爆空间)有一定长度和锥度要求,使导爆管产生的冲击波经消爆空间衰减后,以火焰形式点燃延期药,使延期药稳定燃烧。

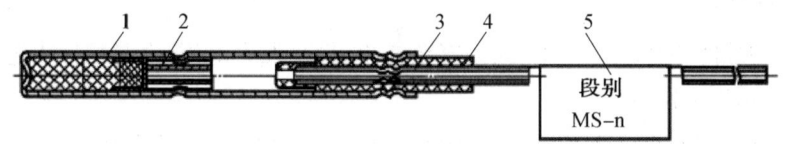

图 3.7 导爆管雷管结构图

1—8 号火雷管;2—延期件;3—导爆管;4—卡口塞;5—段别标志

导爆管被起爆后,其末端输出一定强度的冲击波,并伴有高温残渣粒子的火焰,经一定长度的消爆距离后,通常主要以增强的火焰点燃延期药,延期药以一定速度燃烧并传播,在延期元件末端喷出火焰,点燃起爆药,起爆药迅速由爆燃转爆轰,进而引爆猛炸药,输出爆炸冲能。

3. 电雷管

在大面积爆破、同时起爆多个药包、远距离控制起爆等场合,通常使用电雷管。电雷管主要为灼热桥丝式电雷管,常用的是 8 号电雷管。

(1)瞬发电雷管。

军用 8 号铜电雷管属于瞬发电雷管,其结构与军用 8 号铜火雷管相似,主要区别在于雷管前端增加了电点(引)火头,如图 3.8 所示。

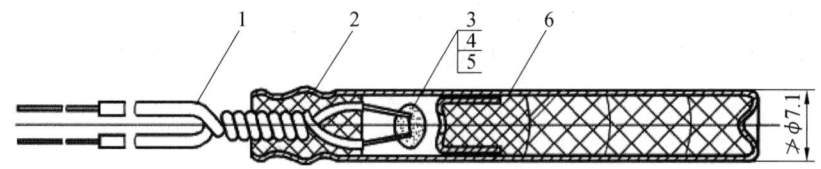

图 3.8 军用 8 号铜电雷管结构

1—脚线;2—塑料塞;3—桥丝;4—引燃药;5—2%~3%硝棉漆;6—军用 8 号铜火雷管

电点火头由脚线、桥丝、塑料密封塞及引燃药组成。脚线为 2 根塑料单芯铜线,长为 2 m,直径为 0.5 mm,桥丝为直径 0.03±0.002 mm 或 0.04±0.003 mm 的镍铬丝。电点火头一般做成滴状,即在引燃药中加入黏合剂直接涂在桥丝上形成滴状,使药剂紧密地贴在桥丝上,有利于电点火头的点燃。实际上滴状引燃药常分为 2 层或 3 层,内层为较易点燃的引燃药(18 g 氯酸钾、10.8 g 硫氰化铅、15~21 mL 动物胶液);外层为点火能力较强的引燃药(50 g 氯酸钾、50 g 硫氰化铅、1 g 铅丹)。有时为了防潮和增加强度,在最外层涂防潮剂作为第 3 层。防潮剂的配方为乙酸正丁酯(96%~98%)、3 号硝化棉(4%~2%)和少量的中性红色染料。

当电流通过电点火头桥丝时,被加热的桥丝将热量传给引燃药,引燃药开始产生化学反应。该反应速度很大程度上取决于压力和温度,随着压力与温度的增加,反应速度迅速增加,反应放出的热量也逐渐增多,致使引燃药燃烧。引燃药燃烧产生的热能(火焰、热气体、热质点等)点燃电雷管的起爆药,引起电雷管爆炸。

(2)性能指标。

电雷管的性能指标包括电阻、最大安全电流、最小发火电流、百毫秒发火电流、准爆电流、传导时间和发火冲量等。

电阻指电雷管的全电阻,即桥丝电阻与脚线电阻之和。我国采用康铜丝的电雷管电阻为 0.8~1.2 Ω,采用镍铬丝的电雷管电阻为 2.2~4 Ω。基于多点同时起爆的需要,各雷管间电阻不能相差太大(<0.25 Ω)。

电雷管的最大安全电流是指在较长时间(5 min)恒定直流电流作用下,使电雷管不发生爆炸的最大电流。国家标准规定,电雷管的安全电流为 0.03 A。最小发火电流是指在较长时间(5 min)恒定直流电流作用下,使电雷管爆炸的最小电流。

发火时间和传导时间。发火时间(也称点燃时间)是指从通电到输入的能量足以使引燃药发火的时间。传导时间是指从引燃药发火到雷管爆炸的时间。作用时间(反应时间)是指从通电到雷管爆炸的时间。作用时间等于发火时间与传导时间之和。传导时间对成组电雷管的齐发爆破有重要意义,较长的传导时间使敏感度稍有差别的电雷管成组爆炸成为可能。

发火冲量是指引燃发火的电流冲量,$K = I^2 Rt$。在串联时,因为电雷管是同一类的,所以可将 R 的差异忽略,只用 $K = I^2 t$ 来表示。发火冲量与电流强度有关,当电点火头的结构和材料固定后,发火冲量随电流强度的增大而减小,最后趋于一个定值。

桥丝熔化冲量是指从通电到桥丝熔断时所需的电流冲量。桥丝熔化冲量的意义在于能判定在高的电流强度下,是否产生电桥烧断而引燃药未被点燃的现象,也就是可能判定烧断的电桥是否有足够的潜热引燃电发火头。如果熔化冲量大于发火冲量,即可保证发火。

(3)雷管的检查。

使用电雷管之前,应首先检查其外表。雷管不许有裂缝、脏污、夹层、皱痕及机械损伤,雷管与加强帽接合处涂漆要完整,传火孔上无妨碍传火的杂质。然后用欧姆表导通或测量其电阻。为保证安全,在导通或测量时,应将电雷管放在遮蔽物后面,或埋入土中 10~20 cm,如放在地面上检查,安全距离应不小于 30 m。

3.3 应急烧毁处理案例

烧毁法销毁危险爆炸物是一种比较有效的方法,它对物资的需求较低,销毁场地容易满足要求,且可以一次销毁大量危险爆炸物。烧毁法的缺点是销毁彻底性较差,容易留下隐患。以下针对烧毁法,介绍几种应急烧毁处理的案例。

3.3.1 枪弹的简易烧毁

枪弹是战场上最为常见的弹药之一。无论是己方撤退时难以带走,或是缴获的对手枪弹,如果不能为我所用,为防止落入对方手中,应进行应急销毁处理。

以某型机枪弹为例,如图3.9所示。枪弹中的含能材料主要是发射药和底火装药。

该枪弹采用弹链连接在一起,能够防止在烧毁过程中,某些枪弹的爆燃将周围枪弹抛离高温区域,因此可以采用烧毁法销毁。

图3.9 待烧毁的枪弹

为了防止枪弹爆燃引起的抛离现象,应将枪弹的烧毁控制在一个相对密闭的空间内。

图3.10 烧毁法销毁枪弹时的布置

3.3.2 薄壁弹药的烧毁

采用燃烧手榴弹烧毁薄壁弹药是一种较为便捷的方法。典型的薄壁弹药包括地雷、火箭筒弹等。这些待销毁弹药的特点是壳体薄,而且有些壳体是低熔点的铝合金材质,容易在高温作用下被熔穿,进而实现烧毁薄壁弹药的目的。

以燃烧手榴弹烧毁某型防坦克地雷为例,如图 3.11 所示。防坦克地雷中的含能材料主要是炸药,其壳体较薄,容易被烧毁。烧毁时,将燃烧手榴弹弹体紧贴防坦克地雷,采用远距离点火的方式首先点燃手榴弹。依靠燃烧手榴弹产生的高温将防坦克地雷的壳体烧穿,进而地雷内部的装药暴露出来发生燃烧,最终实现销毁防坦克地雷的目的。毁后的防坦克地雷,如图 3.12 所示。

(a)   (b)

图 3.11 燃烧手榴弹烧毁某型防坦克地雷的场景

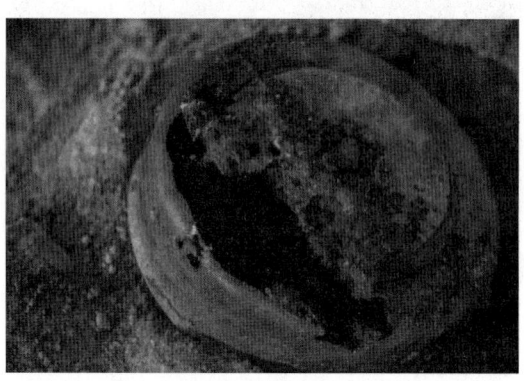

图 3.12 烧毁后的防坦克地雷

3.3.3 火箭弹发动机点火销毁

火箭弹是一种自推式弹药,如图 3.13 所示,其内部的含能材料主要包括战斗部中的炸药和火箭发动机的推进剂。采用炸毁法销毁火箭发动机时,对引爆炸药的用量和放置位置要求比较高,容易引起火箭发动机乱飞的情况。因此,采用点火销毁火箭弹发动机中的推进剂是一种简便易行的方法。

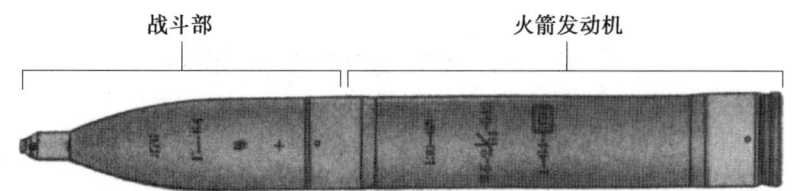

图 3.13　典型的火箭弹

采用点火法销毁火箭弹发动机时,首先应采用分解拆卸方法将战斗部与火箭发动机相分离,并将拆卸下来的战斗部妥善保管,以待其他方法销毁。火箭弹发动机的拆解场景如图 3.14 所示。

图 3.14　火箭弹发动机的拆解场景

将火箭弹的战斗部与发动机分离后,取火箭发动机头部朝下,喷管朝上,垂直可靠地固定在地面。固定火箭发动机时,通常选定土质坚实的地面,挖一个直径比发动机外径稍大的细洞。将发动机插入细洞,并用土填塞发动机与洞壁之间的空隙,使火箭发动机牢固地固定起来。然后,采用导线远距离对火箭发动机点火,火箭发动机会像发射过程一样发生燃烧,直至燃烧完毕,如图 3.15 所示。

图 3.15　火箭弹发动机点火销毁

3.4 应急炸毁处理案例

炸毁法应急处理危险爆炸物是一种常用的技术方法。炸毁法是利用殉爆原理,采用炸药引爆待处理弹药中的含能材料的方法。所谓殉爆是指装药 A 爆炸能引起与其相距一定距离的被惰性介质隔离的装药 B 发生爆炸的现象。用炸毁法应急处理危险爆炸物的重点是危险爆炸物的设置、引爆炸药的用量和设置。应急炸毁的处理原则是安全第一、处理彻底。

3.4.1 榴弹发射器用弹药的炸毁

榴弹发射器用弹药属于整装弹,即该弹所需的各个元件都已安装,不再需要安装元件就可用于射击的弹药。典型的榴弹发射器用弹药及其结构剖面,如图 3.16 所示。榴弹发射器用弹药通常采用高低压发射技术。被击发后,发射药在高压室内燃烧,生成的燃气通过导气孔传入低压室,而后推动弹丸向前运动。由于高压室内要承受高压,因此壳体通常比较厚,炸毁时应设置较多的引爆炸药,才能保证能将整发弹药彻底炸毁。炸毁榴弹发射器用弹药时引爆炸药的设置如图 3.17 所示。

图 3.16 典型的榴弹发射器用弹药及其结构剖面

图 3.17 炸毁榴弹发射器用弹药时引爆炸药的设置

如果待炸毁的榴弹发射器用弹药较多,可采用多层同时炸毁的方式。多层炸毁榴弹发射器用弹药的布设场景如图3.18所示。需要注意的是,多层炸毁榴弹发射器用弹药时,每发弹药都应与引爆炸药接触。这是因为榴弹发射器用弹药自身装药量较少,而壳体相对较厚,只有与引爆炸药充分接触才能保证炸毁的可靠性。

图 3.18　多层炸毁榴弹发射器用弹药的布设场景

如果条件允许,也可以采用炸药带覆盖的方式炸毁榴弹发射器用弹药,如图3.19所示。

图 3.19　采用炸药带覆盖的方式炸毁榴弹发射器用弹药的场景

3.4.2　大量杂散弹药的炸毁

当需要炸毁的危险爆炸物品类繁多时,应按照如下原则进行设置:

(1)装药量大的弹药放在上面,杂散的小型弹药放在下面。

(2)无壳或薄壳的弹药放在上面,厚壳弹药放在下面。这样设置可以充分利用弹药自身的爆轰能量,减少引爆炸药用量,并可以降低破片的飞散,缩短安全防护距离。大量杂散炸药炸毁时的设置场景如图3.20所示。

图 3.20 大量杂散炸药炸毁时的设置场景

3.4.3 火箭弹的炸毁

火箭弹中的含能材料主要包括战斗部中的炸药和火箭发动机中的推进剂。为了可靠炸毁火箭弹,应同时在战斗部和火箭发动机部分放置引爆炸药。炸毁火箭弹时引爆炸药的设置位置如图 3.21 所示。炸毁时,同时起爆战斗部和火箭发动机上的炸药,这样可以破坏火箭发动机的结构,使火箭弹不至于乱飞,进而造成危险。

图 3.21 炸毁火箭弹时引爆炸药的设置位置

3.4.4 手榴弹的炸毁

手榴弹是近战的有力武器,主要用于进攻和防御中杀伤对手的有生力量。手榴弹通常结构简单,制造容易,内装炸药量较少。炸毁手榴弹时,应根据弹体形状底部与底部相接,即尽可能使手榴弹的装药充分接触,如图 3.22 所示,这样可以增强手榴弹相互之间的殉爆作用。

图 3.22　炸毁时手榴弹的设置场景

为了确保可靠炸毁,每枚手榴弹都应覆盖上引爆炸药,如图 3.23 所示。手榴弹的堆叠层数不能太厚,尽可能为一层。

(a)　　　　　　　　　　　　　　(b)

图 3.23　炸毁手榴弹时引爆炸药的设置场景

3.4.5 小型火工品的炸毁

对于大量装有含能材料的小型火工品元件,可以采用炸药带上下包裹的方式集中炸毁。炸毁时,首先在地面铺设一层炸药带,如图 3.24 所示。

(a)　　　　　　　　　　　　　　　　(b)

图 3.24　铺设底层炸药带时的场景

然后,将小型火工品元件依次紧密摆放在底层炸药带的上面,如图 3.25 所示。需要注意的是,火工品元件应摆放在炸药带边缘 2~3 cm 以内,以确保上下两层炸药带能够将大量的火工品元件完整包裹起来,进而提高炸毁的彻底性。

(a)　　　　　　　　　　　　　　　　(b)

图 3.25　摆放小型火工品元件的场景

摆放好火工品元件后,在火工品元件的上方再铺设一层炸药带,如图 3.26 所示。起爆时,上下两层炸药带同时引爆,炸药带爆炸产生的高温、高压会将火工品元件彻底炸毁。

(a)　　　　　　　　　　　　　　　　(b)

图 3.26　放置上层炸药带及其炸毁时的场景

3.4.6 地雷的炸毁

对于薄壳且装药量大的弹药,如地雷等,可以采用堆码的方式,按照弹药的形状、尺寸有序地堆成梯形,如图3.27所示。由于待炸毁弹药的壳体很薄,根据殉爆原理,即引爆炸药与待炸毁装药之间的惰性介质隔离较少,因此仅用较少的引爆炸药就可实现可靠地炸毁作业。

图 3.27 堆成梯形的待炸毁弹药

第4章 危险品弹药常规销毁处理技术

由于弹药属于一次性使用、战时消耗巨大的特殊军事装备,战前储备数量足够的弹药是保证作战胜利的重要前提。但是,弹药都有一定的储存寿命,平时储备的弹药不能保证都会用于作战。实际上,就目前情况而言,大部分弹药的寿命终点是退役和报废,而不是训练或用于作战消耗。为减小无谓占用库房、看管等管理负担,防止意外伤害军民,必须对这些退役和报废的弹药,以及缴获的对手弹药予以及时和适当的处理。因此,可以说,弹药的销毁处理几乎伴随弹药的产生而产生。

从19世纪40年代现代意义上的弹药问世以来,直至第二次世界大战结束的百余年间,由于战争比较频繁,加之科技水平总体较低、弹药总量较小,战争双方主要采取地下掩埋、水中倾倒等遗弃方式处理废旧弹药,没有精力、也没有能力考虑这些废旧弹药处理中的物资回收及对自然和社会环境可能造成的危害等问题,从而给人类留下了长期的安全隐患。据"红十字"国际委员会2000年12月提交的有关报告称:世界遗留未爆弹数量惊人、危害巨大,仅波兰在1945—1981年,就清除了8 800万件第二次世界大战遗留爆炸物,估计同期造成4 094人死亡、8 774人受伤。

第二次世界大战结束以后,人类进入了一个时间相对较长的总体和平时期。一方面,第二次世界大战剩余及为应对其他需要生产的大量弹药陆续报废或退役,由于数量巨大,对这些废旧弹药的处理,有必要考虑消除安全隐患和回收物资问题。另一方面,大规模战火的停息和科学技术的发展,为解决废旧弹药处理中的问题提供了主观意愿和技术可能。为此,世界军火大国逐渐杜绝使用遗弃方法,改为不留隐患的烧毁、炸毁和分解拆卸、倒空利用。

进入20世纪后期,随着人类环境保护意识的不断增强,烧毁和炸毁对大气污染的问题越来越被重视,许多发达国家制定了专门法规,限制或不允许对废旧弹药进行无控制的烧毁和炸毁处理,进而促使弹药销毁逐渐形成了以拆卸倒空后再利用为主、以有控制的烧毁和炸毁为辅的现代处理模式,这一处理模式以消除废旧弹药安全隐患为目标,以环境保护为约束,兼顾资源回收。

4.1 弹药销毁概述

4.1.1 弹药销毁目的和意义

弹药销毁的目的和意义在于通过解除报废弹药及其元件的潜在危险性,及时消除安全隐患,有利于提高部队弹药工作的安全水平,有利于节约军队管理资源,有利于减少国家资源的长期闲置和浪费。

1. 有利于提高部队弹药工作的安全水平

相对堪用弹药而言,长期储存后的报废弹药,其安全性处于更大的不确定状态。大量、长期储存报废弹药实际上就是大量、长期保留安全隐患,这会对部队弹药工作构成极大的安全威胁。因此,及时妥善地处理报废弹药也就及时消除了相当一部分的不安全因素,有利于提高部队弹药工作的安全水平。

2. 有利于节约军队管理资源

报废弹药是不符合技术战术要求,不能用于作战、训练,且无法修复或无修理价值的弹药。虽然对部队而言报废弹药已经丧失军事价值,但并未全部丧失燃烧、爆炸特性,其中有些弹药对犯罪分子或恐怖分子而言仍然具有很强的吸引力。因此,对报废弹药仍然必须进行严格的管理,以防其发生自燃自爆事故,或因安全性下降过度以致无法保证销毁处理时的安全性,同时避免其失盗而危害社会安定。为此需要消耗军队大量的人力、物力和财力,造成军队大量管理资源的浪费。及时处理报废弹药,腾出其所占用的场地、设施设备、人员和经费,就可以把用于报废弹药储存管理的资源改用在更有价值的地方,有利于加速弹药储备结构的调整优化,减轻不必要的军事经济负担,提高国防投入的效益。

3. 有利于减少弹药自身所占资源的浪费

从整体上看,报废弹药已经失去了预期的使用价值,但它的部分组成元件,作为独立元件或材料资源,仍具有各自的使用价值。报废弹药中可回收利用的材料主要有3类,即金属材料、火炸药和包装材料。金属材料的使用价值自不待言,火炸药的回收利用同样具有明显的经济效益。这些元件或材料,有些可以作为民用产品的原料,有些可以通过再加工重新成为弹药的生产原料。包装材料则可以直接用于其他弹药。但是,所有这些资源的回收利用,都只能在对其原属弹药进行必要的分解拆卸等解体处理,能够保证基本的运输和再利用安全的基础上才能实现。可见,弹药销毁可以为实现报废弹药自身所占资源的有效利用提供基本的安全保证,从而有利于减少相关资源的浪费。

4.1.2 弹药销毁地位和作用

和平时期,绝大部分弹药的寿命终点不在训练和作战消耗,而在退役或报废。这些退役和报废的弹药如不及时进行处理,将构成极大的安全隐患,消耗大量的管理资源,从而严重制约弹药保障其他工作的正常开展。

1. 弹药销毁是弹药技术保障工作的重要内容

由于报废弹药占用大量仓库库容,致使新弹药的补充或弹药品种的调整受限,进而妨碍弹药储备区域布局调整和结构优化等工作。对于以退役报废为寿命终点的绝大部分弹药而言,没有完成销毁处理工作,其技术保障任务就没有最终完成。对弹药保障工作而言,不能对退役、报废弹药及时进行销毁处理,就难以形成储存和供应的动态平衡或良性循环,整个弹药保障工作就可能要将大量的资源和精力用于老旧弹药的管理和新库房的建设,也就很难实现可持续发展。

2. 弹药销毁是弹药安全工作的重要手段

退役、报废弹药一般都经历过数十年的储存,其固有安全性由数十年前的设计与生产水平所决定,一般要低于新型弹药;而长期储存的温度、湿度等环境应力作用,弹药的安全性总体上有所下降;大量退役、报废弹药积存,致使大量库容被占用,客观上使"报废弹药与现役弹药分库存放"的原则难以落实,易于因混存而导致错发可能性增大。总之,退役、报废弹药是军队弹药安全工作的重要隐患,及时进行销毁处理,有利于提高部队弹药安全工作的总体水平。

3. 弹药销毁是弹药安全工作的重点环节

弹药销毁涉及储存保管、装卸运输和销毁作业等诸多主要环节,其中销毁作业又涉及暂存保管、搬运周转、分解拆卸、装药倒空、烧毁和炸毁等更多的小环节。任意一个环节出现人的不安全行为、物(包括弹药和设施设备)的不安全状态、环境的不安全刺激和管理失效,都有可能引发失窃、失盗,甚至燃烧爆炸事故。而在销毁作业过程中,多数火炸药、火工品都要在一定时间内处于裸露状态,更易于受到挤压、摩擦、撞击、振动等机械作用及外部的电和热的作用,发生意外燃烧爆炸的可能性远较单纯的储存保管为大。国外弹药处理过程中所发生的事故屡见报端就是明证。总之,弹药销毁工作安全风险较高,是部队弹药安全工作的重点。

由于上述3个方面的重要作用,弹药销毁在部队装备工作中占有特殊重要的地位。

4.1.3 弹药销毁常用技术方法

目前,弹药销毁的常用技术方法主要包括分解拆卸、装药倒空、弹药烧毁和弹药炸毁4种方法。在具体的销毁处理过程中,应当根据弹药的结构性能和设备、场地等实际情况,有序选用适当的技术方法及其组合。

1. 分解拆卸

分解拆卸是指利用机械或人工手段改变弹药及其元件的原有结构,但保持元件或零部件原有形态基本不变的技术方法。弹药的分解拆卸大体上按装配的反过程进行,一般不对弹药元件或零部件进行切削加工,即分解拆卸后的弹药元件和零部件基本上保持原有形状不变。分解拆卸一般需要多个分解拆卸步骤,如定装式后装炮弹分解拆卸一般包括引信旋卸、底火旋卸、拔弹、取发射药等具体步骤。分解拆卸一般的作业组织形式是先按大件分解,再进行元件的分解,最终要达到的目的是将含能材料(主要是火炸药)或包含有含能材料的元部件与惰性材料(如金属材料)或部件分离开来,为进一步处理做技术准备。分解拆卸可独立使用,但更多的是作为其他销毁处理技术的准备工作而使用。其优点是可以得到较多的回收物资、有利于保持回收物资残值、对环境基本无害,缺点是需要较高的安全防护条件、完备的机械设备和场地,初期投资和运行成本较高。数量较大、回收材料价值高的报废弹药,在安全条件有保证的情况下,尤其适于采用分解拆卸方法进行销毁处理。通常情况下,考虑到安全性和经济性,弹药特别是炮弹的大件分解拆卸是普遍的,元件零部件则不一定分解拆卸,不做拆卸处理的元件和零部件可采用其他的方法进一步处理。

2. 装药倒空

装药倒空是指利用机械或热作用等手段将弹药元件壳体内的火药、炸药等含能材料倒出而不改变这些含能材料性能的技术方法。装药倒空对象可分成2类:一类是内装发射药(或推进剂)的药筒(或发动机),另一类是内装炸药或其他装填物的弹丸(战斗部)。发射装药(推进剂)的倒空,通常只需要有足够的分解拆卸深度而无须复杂的机械加工,技术上相对简单,通常归入分解拆卸的范畴。而弹丸(战斗部)的倒空需要较为复杂的技术手段,也是装药倒空技术活动的主要内容。因此,装药倒空主要是指弹丸装药的倒空。装药倒空通常要在分解拆卸的基础上进行,其优点是通过含能材料与惰性壳体的分离,便于惰性回收物资的安全再利用、便于含能材料的回收或后续处理,其缺点是需要较高的技术和安全条件、初期投资较大、耗能较多、易于产生带药废水等环境污染问题。

3. 弹药烧毁

弹药烧毁是指利用燃烧作用使弹药或其元件中的含能材料释放能量从而消除其潜在危险性的技术方法。能量释放的形式主要有2种:一种是靠外界火焰(热能)一次引燃、含能材料自动维持燃烧过程直至全部消失,火炸药的能量通过燃烧的形式释放;另一种是靠外界火焰持续作用,火炸药的能量以爆燃或爆轰的形式释放。烧毁的标志是弹药或其元件销毁的初始外能来源于火焰加热方式,而不论弹药或其元件本身是燃烧还是爆轰,也不论是否需要补充燃料。烧毁法的优点是适用弹种广。如果仅从释放含能材料的能量角度考虑问题,只要提供足够的燃料和安全防护条件,不管是何种弹药、何种元件或何种含能材料,基本上都可以采用烧毁法来销毁。但烧毁法存在物资回收率较低、有一定的大气污染、需要耗费燃料等缺点,因此通常不是弹药销毁的首选方法。只有对分解倒空难以保证安全或费效比太大、经济上很不合算,以及分离出的含能材料无再利用价值的弹药或弹药元件,其他处理方法不适用或不能用时,才考虑采用烧毁法进行处理。

4. 弹药炸毁

炸毁是指利用爆轰作用使弹药或其元件中的含能材料(多为猛炸药和起爆药)以爆轰的形式释放能量从而消除其潜在危险性的技术方法。按此定义,在弹药销毁领域,炸毁法只能用于对装有猛炸药和起爆药的弹药或其元件的销毁,不宜用于对实心弹丸或空心弹体等的毁形处理。炸毁法的优点是适用弹种广、费用低,只要具备合适的场地,几乎所有的弹药都可以使用炸毁法销毁,且除了购置起爆器等小型仪器和消耗一定的炸药、雷管、导火索等以外,无须很多的初始投入和运行消耗。其缺点是回收残值极低、场地要求严、安全风险高。炸毁后的弹药或其元件基本没有回收利用价值,且对破片、冲击波的防护需要有较大的设防安全距离,存在"哑炮"和炸毁不彻底等隐患。因此,只有在不得已的情况下,如弹药结构复杂或锈蚀、变形严重不宜甚至不能进行分解拆卸和装药倒空,威力、尺寸较大又不适合烧毁时,才考虑选用炸毁法。

4.1.4 弹药销毁基本原则

弹药销毁必须坚持安全第一、兼顾效益、注重环保的原则。

1. 安全第一

以人为本、安全发展是科学发展观对弹药销毁的本质要求。所谓安全第一,就是弹药销毁的一切工作都要以确保安全为出发点和前提,不具备安全条件,不能确保安全,就不能承担弹药销毁任务、不能实施弹药销毁作业。

2. 兼顾效益

在"安全第一"的前提下,应该兼顾效益,体现"投入较小、效益较高"的装备建设和发展要求,实现节约发展。一方面,在完成弹药销毁任务的过程中,要考虑经费、人力等保障能力,努力节约资源,追求作业线、工房、机具设备和场地的多用途化;另一方面,要考虑大批量退役报废弹药处理效率需求,努力提高作业的机械化和自动化水平,节约人力资源、减轻作业人员劳动强度。同时,应采取以拆卸倒空为主的技术途径,尽量避免采取烧毁和炸毁处理方法,最大可能地实现弹药材料的回收与再利用。

3. 注重环保

保护环境是人类共同的责任,也是国家和军队有关法律法规的明确要求。随着人们对生态环境质量要求的日益提高和总体环境状态的不断恶化,加之经济水平、科技水平及人们认识水平的不断提高,环保问题逐渐被列入重要的议事日程。即便是在一些偏远地区,也成了不可忽视的问题。在一些发达国家,弹药销毁受到环保部门的严格审查和周边居民的严格监督,不符合环保要求就不允许开展销毁活动。在弹药销毁过程中,一要提供通风等必要措施控制作业环境和劳动保护,避免对作业人员的健康产生不良影响;二要控制污染物的产生和排放,对弹药销毁过程中产生的废气、废液、废渣等"三废"物质进行必要的处理,通过场地选择等措施减小震动、噪声等公害,将环境污染控制在国家和军队有关标准许可的范围内。

4.2 分解拆卸技术

弹药的分解拆卸是利用一定的技术手段,解除弹药部组件之间的原有连接关系,实现相应部组件的分离并恢复到装配前原有状态的技术过程。分解拆卸是危险品弹药就地销毁的基本技术途径之一。危险品弹药就地销毁采用分解拆卸的主要目的就是将含能材料(如发射药等)和包含有含能材料的火工品(如引信、底火等)与弹药分离开来,进而解除这些弹药装卸运输或后续处理中的最大潜在危险,为危险品弹药移送处理和可能的烧毁或炸毁处理所需的安全运输创造条件。分解拆卸的优点是回收利用率高,环境污染小;缺点是需要专用工具设备,场地要求严格,作业难度大,非专业人员不能作业,如图 4.1 所示。不同种类弹药结构不同,分解拆卸的程序、方法不尽相同。本节区分后装炮弹、火箭炮弹和迫击炮弹,简略介绍分解拆卸的工艺流程和主要方法与要求。

 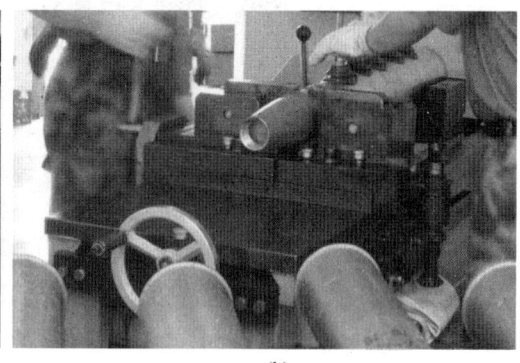

(a) (b)

图 4.1 分解拆卸弹药的场景

4.2.1 后装炮弹分解拆卸

后装炮弹是配用于后装火炮的弹药的统称。后装炮弹是利用火药燃气的压力实现弹丸的抛射的,需要使用火炮身管、炮栓等元部件来完成这一过程。后装炮弹通常由引信、弹丸、药筒、发射装药、点火具(底火)等 5 大元件组成,如图 4.2 所示。5 大元件又可分为战斗部分和抛射部分两大部分,其中引信和弹丸是战斗部分,通常称为战斗部;药筒、发射装药和点火具属于抛射部分。

按照装填方式,后装炮弹可分为定装式炮弹、半定装式炮弹、药筒分装式炮弹和药包分装式炮弹。

定装式炮弹的各大元件通常结合为一个整体,射击时一次装入炮膛进行射击。这种结构的炮弹有利于提高发射速度,通常装配于自动火炮。典型的定装式炮弹如图 4.3 所示。

半定装式炮弹的全弹可分为 2 个部分,即战斗部和药筒装药,但射击时全弹一次性装

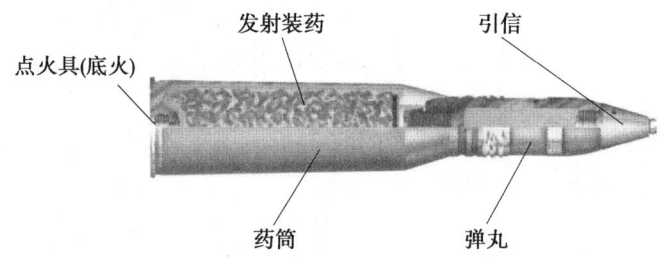

图 4.2 后装炮弹的基本结构组成

图 4.3 典型的定装式炮弹

入炮膛。因此,这种结构的弹药可以提高发射速度,但受装填手体力的限制,炮弹的全重一般不大,口径通常在 105 mm 以下。除装填方式外,这种炮弹与药筒分装式炮弹基本相同,其发射药的量可以根据射程的需要而进行调整。典型的半定装式炮弹如图 4.4 所示。

图 4.4 典型的半定装式炮弹

药筒分装式炮弹的各大元件可分为 2 个部分,一部分是战斗部,另一部分是发射装药、药筒和底火。射击时,这 2 个部分依次装入炮膛。因此,配用这种结构炮弹的火炮通常射速较低,但其优点是发射药的量可以调整,从而达到调整炮弹初速的目的。典型的药筒分装式炮弹如图 4.5 所示。

(a)　　　　　　　(b)

图 4.5　典型的药筒分装式炮弹

药包分装式炮弹可分为 3 部分,分别是战斗部、发射装药和点火具(通常称为门管)。这种结构的炮弹发射时,需要分 3 次依次装入炮膛。由于这种炮弹的口径通常较大,若用药筒则会过于笨重,因此全弹不含药筒。点火具通常安装在炮栓上,因此这种点火具称为门管,而不称底火。这种结构的弹药在使用时调整发射药量比较方便,但由于没有药筒的保护,火药燃气对药室的烧蚀比较严重。典型的药包分装式炮弹如图 4.6 所示。

 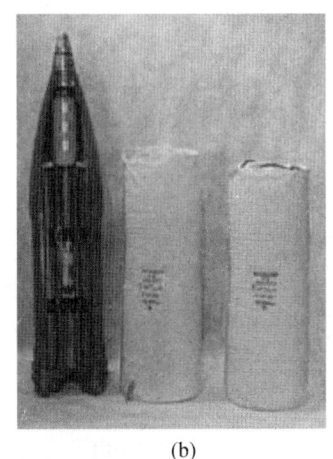

(a)　　　　　　　(b)

图 4.6　典型的药包分装式炮弹

根据后装炮弹的结构特点,其通常的分解拆卸流程如图 4.7 所示。在确定后装炮弹的分解拆卸详细步骤时,需要充分考虑具体炮弹的性能和结构特点,并据此安排具体的工艺流程。如药筒分装式炮弹,不需要进行"弹体与药筒的分解,即拔弹"。又如,配备弹底引信的弹丸,则不需要设置卸弹头引信工序等。

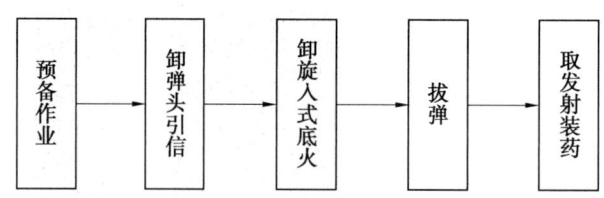

图 4.7　后装炮弹的分解拆卸流程

1. 预备作业

预备作业包括弹药的出库、开箱检查和除油等。弹药搬运时，要稳拿轻放、严禁箱盖朝下，防止弹药摔落。开箱检查在单独工作间进行，根据不同弹药的性能状况与包装特点，分别选用适合的工具开启包装箱（笼），并尽量保护包装，避免损坏。取弹时，应避免碰撞，带底火的弹药禁止立放。除油作业需要设置单独的工作间，使用专门除油机或以手工方式进行。

2. 卸弹头引信

整装炮弹的分解拆卸，应先卸去弹头引信。相对而言，旋卸引信是危险性较大的作业环节，在引信旋卸过程中，弹丸装药可能受到不同程度的挤压或摩擦，而存在意外爆炸的可能性，因此必须隔离操作，以免发生人员伤亡事故。所谓隔离操作，是指利用抗爆小室使操作人员与拆卸的炮弹相隔离，这样万一拆卸过程发生意外爆炸，由于隔离操作抗爆小室的作用，不会对操作人员造成伤害。

3. 卸旋入式底火

定装式炮弹在卸下引信后或在进行弹丸与药筒分解前，通常先应卸下旋入式底火。药筒分装式炮弹在取出发射装药之前，也应卸下旋入式底火。卸底火一般使用专用的设备，较易旋卸的底火也可以用专用扳手手工卸下。卸底火作业，应在单独工作间进行。作业时应有防止底火坠落和防止碰撞底火的措施。底火卸掉后应采取必要措施，防止药筒内药粒洒出。对于不易卸下的底火，应在拔弹和倒出发射药之后，选择专门场地，在药筒上对底火做击发处理。

4. 拔弹

拔弹是指通过一定的工具和设备将弹丸与药筒分离，此项操作应在单独工作间内进行。炮弹拔弹以后，应及时输送到倒取发射药工序，避免发射药长时间滞留在药筒内或弹体上。尾翼上带有药包的弹丸，如滑膛炮榴弹弹丸，拔弹后应首先取下尾翼药包，待摘除发射药包后方可进行弹丸的进一步处理。

5. 取发射装药

取发射装药作业需要在单独工作间进行。对定装式炮弹的药筒装药，在工作台上用铜钩子从药筒中取出紧塞具，再取出支筒和下纸盖，然后倒出除铜剂、发射药，取出点火药包和护膛纸,并将倒出的物料分别装箱。对于分装式炮弹的药筒装药,先将紧塞具取出,再将除铜剂、发射药束(包)、点火药包和护膛纸等取出。

4.2.2 火箭炮弹分解拆卸

火箭弹是利用推进剂燃烧生成的气体向后喷射所产生的反作用力使弹体向前飞行的无控弹药。从结构上看,火箭弹一般由战斗部、动力部(火箭发动机)和稳定装置组成,如图4.8所示。火箭弹的动力部是其区别于其他弹种的典型结构特征。火箭弹的动力部通常由燃烧室、推进剂、挡药栅、喷管和发火装置5部分组成。燃烧室平时用于盛装推进剂,连接前端的战斗部和后部的喷管;发射时作为推进剂的燃烧空间,承受燃气的压力和烧蚀。推进剂是火箭弹飞行的能源。挡药栅平时用于固定推进剂,使之不能发生前后窜动;发射时可防止破碎的推进剂堵塞喷管发生危险。喷管是高温、高压燃气由燃烧室流出的通道,其主要作用是控制燃烧室内的压力、排气方向、排气质量,并能够提高喷气的速度,增大火箭弹的动力。发火装置是推进剂的点火源。

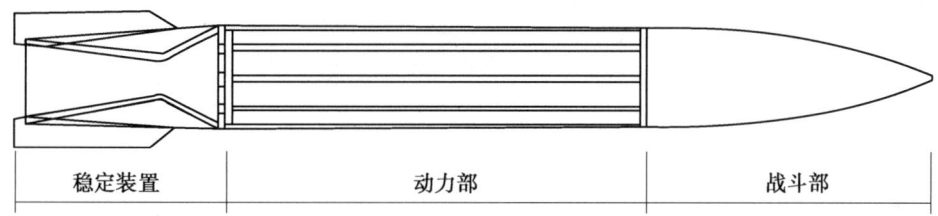

图4.8 火箭弹的基本结构

火箭炮弹的分解拆卸流程如图4.9所示。火箭炮弹分解拆卸预备作业和卸引信的方法及要求与后装炮弹基本相同。

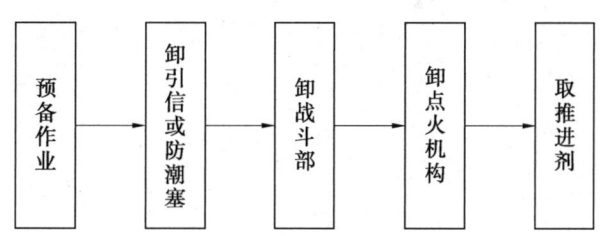

图4.9 火箭炮弹的分解拆卸流程

战斗部与动力部的分解,应使用专门的火箭炮弹旋分机,在单独工作间进行。机械设备安装的位置与方向,应使战斗部朝向空旷区或在战斗部朝向上设置挡弹设施,火箭炮弹动力部的火焰喷管方向上的一定范围内,应避免人员、易燃易爆物及其他物体的存在。战斗部与动力部的分离,应首先卸下固定战斗部与动力部连接螺的驻螺,然后将战斗部与动力部分解开。

卸点火机构时,应使用专用扳手,在单独工作间进行。对配有电点火头的点火装置,在拆卸时要先剪断导线,从燃烧室取出后,应将两对引出导线拧合在一起呈短路状态。作业时,应避免弄破点火药盒而导致药粒洒出。若有点火药粒洒落,不管是燃烧室内的还是作业场地上的,都必须及时彻底予以清除。

取出推进剂的作业应在单独工作间进行。作业中,对于徒手不易取出的推进剂,可先用带有一定锥度的有色金属棒插入药柱的中心孔内,取出第一根,然后再将其余部分全部取出。

4.2.3　迫击炮弹分解拆卸

迫击炮弹是配用于迫击炮的弹药的总称。迫击炮弹一般由引信、弹丸、基本药管和附加装药四大元件组成,其中引信和弹丸属于战斗部分,基本药管和附加装药属于抛射部分。迫击炮弹的基本结构如图 4.10 所示。

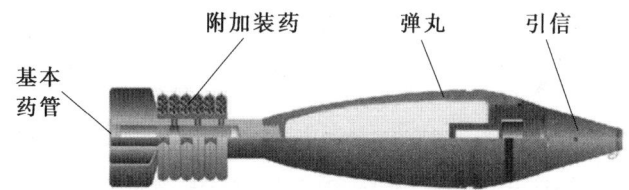

图 4.10　迫击炮弹的基本结构

迫击炮弹的附加装药通常由若干个药包或药盒组成。通过调整药包或药盒的数量,可以改变弹丸的出炮口速度,进而实现不同的射程。分别采用药包和药盒的迫击炮弹如图 4.11 所示。

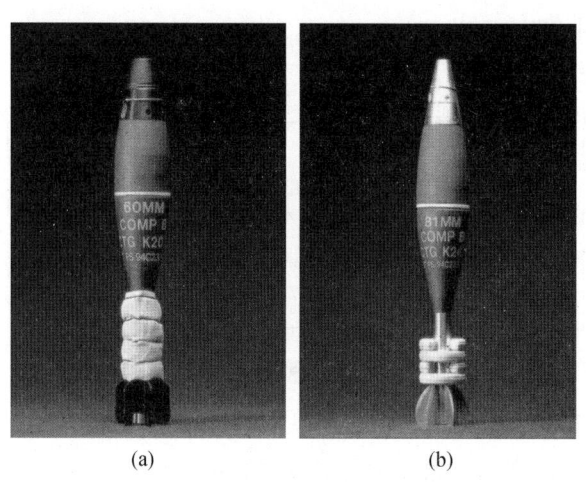

图 4.11　采用药包和药盒的迫击炮弹

迫击炮弹的分解拆卸工序主要包括预备作业、取下附加装药、卸引信或防潮塞、拆下基本药管等,其工艺流程如图 4.12 所示。

在迫击炮弹的分解拆卸过程中,各作业工序均应设置单独的作业间,采用专用机械设

第4章 危险品弹药常规销毁处理技术

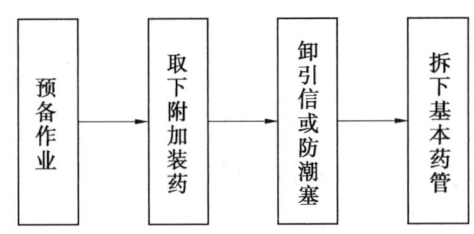

图4.12 迫击炮弹的分解拆卸流程

备或工具进行作业。取附加装药时,有系带的药包应先剪断系带。对于非整装的全备迫击炮弹,可直接从包装箱内取出用密封盒包装的附加装药,然后开盒取药。卸引信或防潮塞的操作方法与分解后装炮弹的操作相似。

从弹尾上取基本药管时,一般应使用基本药管拔出器、扳手和一些专用夹具。首先将弹体固紧于夹具上,然后用基本药管拔出器拔出基本药管。操作过程中,严防撞击基本药管底火部位。若基本药管管壳膨胀难以拔出,不应强行拔、撬或敲打,可连同弹尾一并处理。

卸下的引信、基本药管送烧毁炉烧毁处理,附加装药做销毁场烧毁处理。不能取出的基本药管,可连同弹尾一起从弹体上旋下,带有基本药管的弹尾用烧毁炉烧毁处理。

4.3 装药倒空技术

倒空,顾名思义,是指将容器(箱、罐、瓶、壳等)内的装填物倒出,使容器恢复至中空状态的过程。弹药的倒空特指通过一定的技术手段将弹药元件壳体内的火药、炸药等含能材料倒出,使含能材料和壳体脱离的操作过程。

弹药倒空对象可分为两大类:一类是内装发射药(或推进剂)药筒(或发动机)的倒空;另一类是内装炸药弹丸(战斗部)的倒空。发射药和部分推进剂的倒空,操作简便,不需要复杂的机械设备,可通过分解拆卸方法进行处理。内装炸药弹丸(战斗部)的倒空,一般所需技术手段复杂,因此本节所介绍的弹药倒空主要是指弹丸所装炸药的倒空。故此,通常所说的弹药倒空是指将弹丸内炸药与弹丸壳体分离的操作过程。

4.3.1 弹药装药技术

由于弹丸的装药种类和装药方式直接影响着采用何种倒空方法,因此首先应该了解一下弹药是如何装入弹体内的,也就是弹药装药技术。

弹药装药技术是研究如何将炸药装入弹体中,并满足长期储存和作战使用要求的技术。

爆炸装药(简称装药)可以直接在弹体药室中制成,也可以预先制成而后固定于弹体药室内,前者称为"直接装药",后者称为"间接装药"。装药制备是弹药装药的核心,它主要包括注装技术、压装技术、塑态装药技术 3 种装药方法。

1. 注装技术

注装技术是将炸药熔化,经过预结晶处理再将其注入弹腔或模具中,经护理、凝固、冷却制得装药的一种工艺方法。适用于熔点较低,在高于熔点 20~25 ℃ 时,数小时内不分解,蒸汽无毒或毒性较小的炸药。

2. 压装技术

压装技术是将散粒状炸药装入模具或弹腔中,用冲头施加一定的压力,将散粒体炸药压成具有一定形状、一定密度、一定机械强度的药件或装药的工艺方法。采用这种方法时,装药的机械感度要低,而且还要求炸药具有较好的成型性。适用炸药有梯恩梯、钝化 RDX 等。

3. 塑态装药技术

塑态装药技术是使待装炸药处于塑态,装入弹腔后再变成固态的工艺方法。将 2 种以上的炸药混合配制成遇热呈塑态、常温呈固态的混合炸药。然后采用专用设备将炸药装入弹腔,此方法主要用于迫弹等装药。这种方法的优点是设备简单,生产效率高,适用弹种广,装药质量较好。这种方法的缺点是对装药报废的弹体,废药熔化倒空时较为困难。

4.3.2 弹药倒空技术

根据弹丸结构特点、装药的性质及倒空技术适用条件,倒空方法分许多种。弹丸装药的多样性决定了倒药方法的多样性,目前,倒药方法有许多种,本书主要对常用方法做简要介绍。

1. 蒸汽加热倒药

蒸汽加热倒药是利用蒸汽的热量加热装在密闭容器(倒药间或箱)内的弹丸,待炸药温度上升至其熔点后,炸药开始熔化,并自动从朝下立放的弹体口部流出。这种方法主要适用于装梯恩梯炸药的弹丸(因为梯恩梯熔点为 80.2 ℃),或装梯恩梯混合炸药且炸药熔点在 120 ℃ 以下的弹丸,同时要求炸药在熔化时不发生分解。若炸药的熔点较高,大于 120 ℃,为使炸药熔化必须提高蒸汽的压力,这将提高设备的复杂程度,降低作业的安全性,目前的条件还达不到这一要求。

2. 热水脱药

热水脱药适用于采用间接装药方式装填的弹丸。因为采用间接方式装填弹丸时,首先将炸药预先压制成药柱,然后再将其装入弹腔,并用黏结剂固定。固定药柱的黏结剂的熔点较低,加热至 80 ℃ 左右即可使其熔化。这样就可以依照装药的反过程,即先加热使黏结剂熔化,再将药柱倒出。为了提高热水脱药的效率,在使用盛弹笼和加热水槽的基础上,还可装备振动机。在热水加热弹丸的同时,采用振动机对弹丸施加振动,以加快热水脱药的效率,使药柱顺利地从弹丸中脱出。

3. 预热挖药倒空

对于加热后仅能呈现热塑态的装药,由于无法利用炸药自身的重力而下落,只能采用预热挖药的方式来倒空。这种方法是先对弹体预热加温,使炸药呈良好的塑性状态,然后用专用工具将炸药从弹丸或战斗部内掏挖清理出来。该方法简便易行,不需要复杂的技术设备,投资费用较低,其缺点是效率很低。

4. 浸泡倒药法

当弹丸装药中含有大量的水溶性成分时,例如装硝铵炸药的弹丸,可以采用水浸泡的方法倒空装药。由于硝铵的主要成分为可溶于水的硝酸铵,故可用浸泡法倒出。

浸泡倒药的设备很简单,主要是一个具有一定容量的浸泡池,该池通过管道与污水池连通,以便排放污水。倒药时,应首先将弹丸的头螺或炸药管旋去;然后将弹丸横卧在水池中,加入适量的水淹没浸泡。浸泡时间随弹径大小和水温而异,水温高有利于装药的溶解。对于装硝铵炸药的弹丸,在水温25 ℃时,一般需要浸泡2~3天;水温低于20 ℃时,浸泡时间则需要长一些。待弹丸内装药呈糊状时,倒出装药并用刷具将弹腔刷洗干净。

4.4 弹药烧毁技术

烧毁法是弹药销毁处理常用的一种技术方法,多用于燃速较低的发射药、不便且回收价值较低的弹丸或零部件装药,以及尺寸较小、威力较低的整弹、火工品和带火工品的弹药零部件的销毁处理。弹药烧毁法的基本原理是利用外部燃烧作用促使含能材料以燃烧或爆轰的形式释放能量进而消除其潜在的危险性。按照烧毁过程中是否需要补充燃料以维持烧毁的连续性,弹药烧毁法可以分为烧毁炉烧毁和销毁场烧毁2种方法。

4.4.1 烧毁炉烧毁

采用烧毁炉烧毁方法时,烧毁过程中需要视情(炸熄或温度不足)适时补充燃料、多次及时点火才能保持连续烧毁。作为一个弹药烧毁系统,烧毁炉主要由炉体、炉底、导料斗、进料斗、防破片冲出装置、火焰检测器、供风管和炉底等组成,如图4.13所示,其中供火系统包括供油管、供风管和电点火头。

烧毁炉体是弹药爆燃产物的围护封闭机构,是系统的主要组成部分,主要由炉体壁、炉衬、进料斗和炉底等组成。炉体壁一般用钢材整体浇铸而成,上部为空心圆筒体,壁厚100 mm以上,下部从炉体底切面约400 mm高处内收300 mm,喷火管安装在此拐弯处。其目的是与喷火管安装角度相配合,使火焰能覆盖整个烧毁区,并增加炉体的抗爆强度。炉体外部用石棉和钢筒包裹,以提高炉体的保温隔热性能。炉衬位于炉体壁下部内侧,多

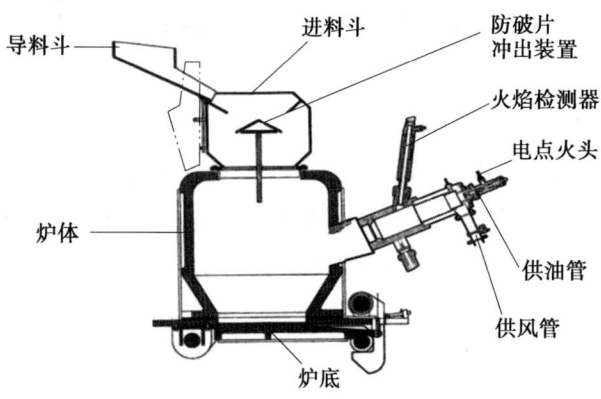

图 4.13 烧毁炉的基本结构

采取整体浇铸,部分采用拼装结构,炉衬为易损部件,设计成可更换形式。炉体下部炉壁所承受的破片侵彻、爆炸冲击作用较大,炉衬设在此部位,可以提高烧毁炉体的抗爆能力,延长炉体的使用寿命。炉衬做成上大下小的锥台形,有利于火焰的均衡分布,避免发生烧毁死角。

进料斗的主要用途是承接弹药、防止炉内破片外飞。送料机构传送来的弹药,到达炉体上方时,通过进料斗导入烧毁炉内。进料斗的下部中央部位设有防破片飞出的导板,该导板的结构、形状及安装位置,不但具有防破片飞出的作用,而且要保证弹药能顺利落入烧毁炉内。进料斗由不低于 10 mm 厚的钢板制成,焊接或螺接在炉体的顶部。

对炉底的要求主要是在烧毁过程中能够密闭烧毁炉底部、承载炉内破片和冲击波等作用及弹药和残渣重力,出渣时可靠开启、便于出渣,为此炉底设置成启闭式。炉底的一侧通过炉底轴座与炉板焊接而与炉体相连,可绕炉底轴转动。与之相对应的一侧,则通过炉底挂钩启闭装置和炉底挂环鼻相连。平时或工作时,炉底挂钩启闭装置处于闭合状态,当解除炉底挂钩的作用后,可通过手拉葫芦实现炉底的开启与闭合。

4.4.2 销毁场烧毁

销毁场烧毁的具体方法有多种,只要能够保证销毁彻底和安全即可。本节主要介绍目前较常用的平地铺药烧毁。采用销毁场烧毁弹药时,一般是一次性点火,烧毁过程中无须补充燃料,靠含能材料自身燃烧释放的热能或事先设置好的燃料燃烧提供的热能保持连续烧毁。

采用销毁场烧毁弹药时,对销毁场地有一定的要求。销毁场应远离城镇、村庄、公路、铁路主干线、通航河流、高压输电线及其他重要建筑,最好设置或选择在周围有自然屏障的地方。销毁场边缘与场外建筑物的距离应符合设防安全距离要求,见表 4.1。销毁场应避开茂密植被与森林地带,地面应为不带石块的土质地,严禁在黄磷弹射击弹着区、黄磷弹烧毁场和炸毁场等有可能残留黄磷的场地上进行其他火炸药、火工品和弹药的烧毁。

第4章 危险品弹药常规销毁处理技术

在这些场地上,不能避免残留黄磷的存在,由于土壤的隔离作用,这些黄磷经几年、十几年甚至几十年都不能完全自燃。在烧毁作业中,作业人员踩踏或火炸药及其包装箱的触动,便可能使黄磷重新暴露于空气中发生自燃。显然,在这样的场地上进行火炸药的铺药烧毁作业是相当危险的。

表4.1 火炸药烧毁量与设防安全距离

烧毁品种	一次最大烧毁量/kg	设防安全距离/m
无烟药	1 000	220
梯恩梯	500	
黑索今及其混合炸药	100	
特屈儿	100	
太安	50	

注:周围有自然屏障时,设防安全距离可适当减少

另外,通往销毁场的道路应平坦,能保证运输车辆安全顺利通行;销毁场的烧毁区面积足够大、地势平坦;烧毁区周围应有较大的停车区,便于停车、回车,便于弹药卸车。

平地铺药烧毁的基本原理是将待烧毁的弹药及必要的引燃物按一定要求铺设在平整的地面上,一次性点火,主要靠弹药中的含能材料燃烧释放的热能,维持燃烧并实现含能材料自身的销毁。平地铺药烧毁适用销毁不带壳体的发射药(含推进剂)、炸药等。需要注意的是,黑火药不能采用平地铺药烧毁法。因为黑火药燃烧速度太快,烧毁时会发生爆燃现象,极易发生事故。

平地铺药烧毁的作业流程主要包括准备弹药、铺药、设置点火具与铺设引火道、点火和检查清理,如图4.14所示。

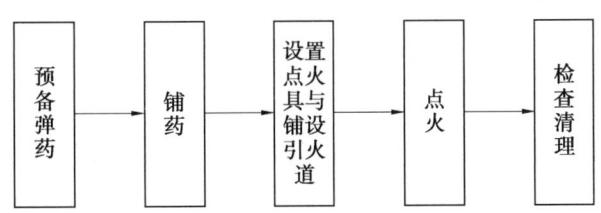

图4.14 平地铺药烧毁的作业流程

准备弹药的主要任务包括开箱检查,剔除黑火药等不适宜平地铺药烧毁的危险物品及雷管、火帽等易于起爆的火工品,拣出难以烧毁的惰性杂物。火药和炸药不得混烧。

铺药时,应选择在平整无石块、地面踏实的销毁场作为铺药地点。若地面凹凸不平,将给铺药作业带来极大不便;若地面疏松,则铺设的部分药粒就有可能被松土所掩埋,以致无法彻底烧毁。因此,在铺药地点不符合要求时,应事先予以平整清理。按顺风方向将火药或炸药铺撒成长带状,药带的厚度和宽度应符合表4.2中的规定,铺药的长度根据场

地大小和任务量确定。

表4.2 野外烧毁火炸药时对铺设药带的要求

品　　种	最大铺设厚度/cm	最大铺设宽度/m
炮用无烟药	1~3	1~1.5
枪用无烟药	1~2	1~1.5
太安炸药	≤0.2	0.2~0.3
其他各种炸药	1~2	0.2~0.3

当风力较大风向不定时,药带宜铺设短一些,以避免发生顺风燃烧火势失控的不良情况。当烧毁量较大且场地面积允许时,药带则可长些或将火炸药铺设几条互相平行的药带同时烧毁,但各药带之间的距离不应小于20 m,以防止各药带在同时燃烧时互相烘烤,而引起发射药串燃等不良情况。铺药过程应由人工实施,运输火炸药的汽车不准开进烧毁作业地点,更严禁直接在汽车上边行进边倒撒铺药。汽车排气管及其排出的高温气体,易造成意外起火。为保证安全,汽车应在距烧毁作业地点50 m以外的停车场停驻和卸车,在汽车未开出危险区之前,烧毁作业不准进行。

待烧毁的火药、炸药及必要的引燃物铺好后,一般应在下风位置、紧挨火炸药的引燃物处,设置点火具或铺设引火道。点火具设置的方法一般是:取适当长度的导火索,一端插入黑药包中,然后再将此插有导火索的黑药包埋放在药带下风端的火药或炸药内,导火索的另一端剪成斜面或插上拉火管。为保证点火人员从容地撤离,导火索的长度应足够,通常以人员中速步行从点火处走至掩蔽处所需时间的2倍来确定截取导火索的长度。为防止点火后导火索自然卷回引起药带过早起火,应将导火索用土块压住固定。引火道铺设的一般方法是:用颗粒状、片状或管状的易于点燃、燃速较慢的炮用发射药,在烧毁药带的下风端做引火道,引火道长度和用药量以保证可靠引燃烧毁药、确保点火人员安全撤离为准。必要时,引火道可以与点火具结合使用。

火炸药烧毁时应采用逆风间接点火。所谓逆风点火,就是在顺风向铺设药带的下风端点火。不能从上风端点火,目的是确保药带稳定燃烧,避免火借风势刮向尚未点燃的火炸药,发生大面积串火燃烧,致使散热不及时、温度急剧上升而发生爆燃或爆轰。所谓间接点火,就是对火炸药烧毁药带,不准近身直接点火,以防作业人员点火后撤离不及时,发生伤人事故,特别是在烧毁空包药或多气孔火药时,由于其燃速很快,若近身直接点火,则点火人员容易被烧伤或被辐射灼伤。点火具可用火柴点燃、也可用拉火管点燃,引火道则一般用火柴点燃。烧毁发射药的场景,如图4.15所示。

火焰熄灭后,作业人员应进入烧毁现场进行彻底的检查清理。检查清理的主要内容有2个:一是清除易燃物,将现场漏烧的和未燃尽的火药粒或炸药碎块仔细地拣拾起来,特别要注意寻找烧毁药带周边处未燃烧的残药,务必清理彻底,对收集起来的残留火药或

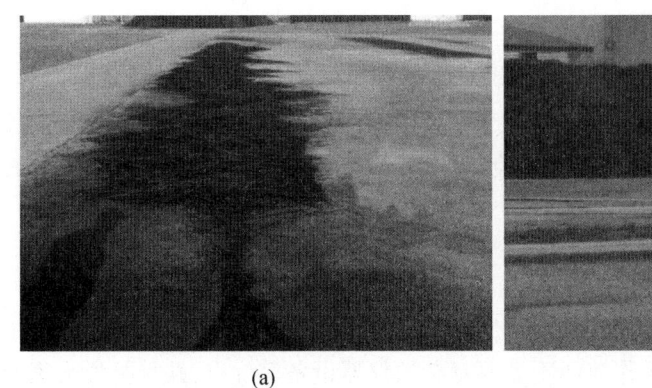 

(a) (b)

图 4.15 烧毁发射药的场景

炸药,应重新进行烧毁,严禁遗弃掩埋;二是清理火种,检查清理火种等火灾隐患,在植被干燥季节尤为重要。火炸药中混杂有油纸、护膛纸、纸垫、纸筒等一类物品时,在火炸药燃烧瞬间,这些燃速较慢的物品被高温气流带到空中四处飘散,有的甚至可飘散到数百米之外,落到山林、草丛中引起火灾,最好在弹药准备或铺药时拣出。

4.5 弹药炸毁技术

炸毁是弹药销毁处理的技术方法之一,它不需要复杂的机械设备,简便易行。对于使用前述分解拆卸、倒空、烧毁等方法不能有效处理的弹药或弹药元件,如不能旋卸引信或头螺的装猛炸药的弹丸、断柄的木柄手榴弹,特别是对于不能移动的射击未爆弹药,比较适宜于采用炸毁法进行销毁处理。

4.5.1 弹药炸毁常用方法

弹药炸毁的基本原理是利用爆轰作用使弹药中的起爆药和猛炸药以爆轰的形式释放能量从而消除其潜在的危险性。爆轰作用来源于起爆炸药和弹药间的殉爆。因此,未装猛炸药、无法起爆或无殉爆能力的弹药,不宜采用炸毁法进行销毁处理。易留安全隐患的弹药,如黄磷弹炸毁时易产生黄磷留坑或抛撒,从而长期遗留或大范围产生火灾隐患,也不宜采用炸毁法进行销毁处理。

根据目前所常用的炸毁方式,按照是否需要设置爆破坑、起爆点火方式、同时起爆的炸点(坑)的多少,弹药炸毁法可以分为装坑爆破法和地面爆破法、火力引爆法和电力引爆法、单点(坑)炸毁法和多点(坑)炸毁法。

1. 装坑爆破法和地面爆破法

所谓装坑爆破法是将弹药按一定的形式堆码在爆破坑内,然后用土掩埋,采用电力法或火力法起爆,使坑内弹药炸毁。由于是把弹药堆码并掩埋在爆破坑内炸毁,所以该方法具有破片飞散距离小、炸毁彻底好的优点。

所谓地面爆破法就是将弹药放置在地表面,利用支撑物、紧挨(不一定接触)弹药上方放置起爆用炸药、安装电雷管或带点火具的火焰雷管,采用电力法或火力法起爆,使弹药炸毁。其缺点是由于难以采取破片防护手段,设防安全距离要求比较大、场地要求比较高;优点是可以不移动、不接触弹药。

2. 火力引爆法和电力引爆法

按起爆点火方式不同,炸毁法可分成火力引爆法和电力引爆法2种。火力引爆法采用火焰雷管起爆,这种方式具有操作简便不需要复杂的仪器设备等优点,缺点是导火索及火焰雷管性能检测为破坏性的,只能抽样检测,因而起爆点火的可靠性不能保证百分之百可靠,有时会发生点火故障;同时,对点火人员的心理素质要求比较高。电力引爆法采用电雷管起爆,由于电雷管及其与导线构成的全线路都可以用仪器无损检测出它的性能参数,并可以做到全数检测,进而可避免抽样检测存在的推断错误,因此这种方式的点火可靠性较高,但这种方式需要一定的检测与起爆仪器,操作相对复杂一些;且远距离上实施电力引爆法,存在需要较长导线、布设不便、易受杂电磁干扰等问题。

3. 单点(坑)炸毁法和多点(坑)炸毁法

从一次炸毁的炸点(坑)的个数上分,可把炸毁法分成单点(坑)炸毁法和多点(坑)炸毁法2种。对于地面爆破法,一般称为炸点;对于装坑爆破法,一般称为炸坑。由于炸点之间会相互影响,故地面爆破法一般不实施多点炸毁。单坑炸毁采用一个爆破坑,这种方式不便于作业现场管理,作业质量和安全也比较容易保证,在炸毁数量不大、作业人员少的情况下,通常采用单坑炸毁方式。多坑炸毁采用2个或更多的爆破坑,多点同时展开技术作业,一次装坑完毕,同时或依次引爆。这种方式的优点是一次炸毁弹药量大、效率高,缺点也比较明显,即作业现场管理控制比较困难,各作业点之间有一定的相互干扰。例如,当几个炸点同时采用火力法起爆点火时,同时有几个操作员实施点火作业,由于动作快慢不一,会使动作较慢者造成精神压力,并进一步引发动作紊乱失调,而导致点火失败。电力法起爆点火通常采用雷管串联的形式,这种形式对雷管之间的电阻差有着较严格的限制,这就需要对电雷管的电阻进行精确地测定和编组,否则可能出现"低阻拒爆"现象。

4.5.2 弹药炸毁技术要求

从弹药销毁的根本目的和基本原则出发,对弹药炸毁作业的根本要求是引爆顺利、炸毁彻底。所谓引爆顺利,就是所有炸点一次起爆点火成功,避免排除"哑炮"带来的高安全风险。所谓炸毁彻底,就是在起爆点火后,所有弹药及其元件全部炸毁,无不爆或半爆情况,以避免清坑、收集、再次组织炸毁所产生的额外风险。

为此,无论采取何种具体炸毁方法,组织实施弹药炸毁,都必须满足下列一般要求。

1. 周密计划

组织实施弹药炸毁作业,必须以专项的实施方案为指导。实施方案应当符合炸毁弹药的结构性能特点和技术力量等实际情况,符合有关弹药销毁处理的法规制度和技术标准,在实地考察相关道路、场地、周边社情等情况的基础上,做到任务分工明确、组织机构健全、责任到人,进度计划和操作规程内容周详、步骤科学、方法可行、要求合理,安全防范预案齐全、措施有效。

2. 精心准备

必须严格按照实施方案的要求,认真进行物资和车辆准备、道路和场地准备、弹药和起爆器材准备、人员培训等准备工作,必要时应与地方公安、交通管理部门进行沟通协调,适时进行准备工作的检查验收。

3. 严密实施

在实施炸毁作业过程中,必须严格执行实施方案,统一组织指挥,严密布设安全警戒,确保各类装备状态良好、各类人员齐全到位;必须严格遵循有关规定,严密组织弹药和起爆物资、器材等爆炸品的装卸运输;严格遵守操作规程,严密组织弹药检查、挖坑、装弹、起爆点火、清坑等技术作业;严格加强现场管控,严防无关人员进入,及时纠正违章行为;遇有突发情况,严格按照相关预案要求进行处置。

4. 严守规定

除了必须遵守有关弹药安全管理规定外,还必须遵守下述规定。

(1)炸毁作业前,应仔细清查销毁场,将牲畜和无关人员清出,在危险区的边界上设置警示牌,在危险边界的路口或视界好的地方设置警界哨,严禁行人和牲畜进入危险区。

(2)炸毁作业需要使用火柴时,应由现场指挥人员携带,严禁其他人员携带火种进入作业场地。

(3)不应在雷雨、雨雪、大风、严寒和炎热的天气或夜间进行炸毁作业。作业过程中出现上述天气时,应及时停止作业,并对现场待销毁弹药进行妥善处理。

(4)当日内不宜在同一地点连续进行火炸药、火工品和弹药的炸毁作业,若需在同一地点连续作业,必须在彻底清理余火、地面冷却后再进行。

(5)可能留有黄磷的场地不允许用作弹药炸毁作业。炸毁场边缘至场外建筑物的距离应符合表4.3的规定。

表 4.3 炸毁场设防安全距离

炸毁弹种	设防安全距离/m
手榴弹	500
口径小于 57 mm 的弹药	650
口径小于 57~85 mm 的弹药	910
口径 85~130 mm 的弹药	1 430
口径大于 130 mm 的弹药	1 820

注:周围有自然屏障时,设防安全距离可适当减少。

(6)采用电力引爆法炸毁弹药时,不允许使用移动电话、对讲机等无线通信器材。炸毁场边缘至场外无线电发送设施的距离应符合表 4.4 的规定。

表 4.4 炸毁场距无线电发射机的安全距离

发射机最大功率/W	安全距离/m
30~50	50
50~100	110
100~250	160
250~500	230
500~1 000	305
1 000~3 000	480
3 000~5 000	610
5 000~20 000	915
20 000~50 000	1 530
50 000~100 000	3 050

4.5.3 爆破坑的设置

作业实施阶段的第一项炸毁技术作业就是爆破坑的设置,即根据所炸毁弹药的弹径、数量、装坑堆码方法及地形情况挖掘爆破坑;依照装坑原则将弹药堆码装入爆破坑内,再将预先准备好的引爆炸药放置并掩埋好。爆破坑的设置是关系到能否炸毁彻底的关键性作业,如果在这一作业过程中出现操作不当,就不能保证一次炸毁彻底,还会对作业安全带来不利影响。为了保证炸毁彻底,要在爆破坑的设置作业中采取正确、合理合规范的方法,认真仔细地进行操作。

1. 爆破坑的挖掘

挖掘爆破坑应选择在土质坚硬而没有石块的地方,以有利于挖掘作业和避免抛出飞石。爆破坑的大小和形状依据炸毁弹药的弹径、数量、装坑堆码方法及地形、地貌等情况确定。爆破坑的形状一般以平底漏斗状为好,当采取梯形装坑法时,也可挖成方坑。坑的深度一般为 1 m 左右。当炸毁弹药的弹径大或每坑数量较多时,爆破坑可挖掘得大一些,反之则可挖掘得小一些。当炸毁场的地形较为平坦、开阔时,爆破坑应挖掘得深一些,以减少破片飞出的数量和破片飞散的距离。当进行多坑同时炸毁且用火力法起爆时,为了防止先引爆的弹坑对尚未引爆弹坑的轰击、震动等不良影响,坑与坑之间的距离一般不应小于 25 m。当用电力法多坑同时引爆炸毁时,由于各坑爆炸的同时性要好一些,所以坑与坑之间的距离可适当缩短,以方便布线作业。在坚硬难挖的地点挖掘爆破坑时,为了减小劳动强度和加快挖坑作业的速度,可采用小型炸药包在一定深度的土层中爆破的方法,炸松土层,挖掘爆破坑。

2. 弹药的装坑

弹药的装坑是关系到能否完全彻底炸毁的重要作业。要保证全坑弹药一次性炸毁彻底,弹药装坑时必须遵循弹药装坑原则:弹壳薄、装填炸药多、威力大、易起爆的弹丸码放在弹药堆的中央和上层,弹壳厚、装填炸药少、威力小、难起爆的弹丸码放在弹药堆的下层和周围,弹体间要尽量密切接触,并使上层弹体紧靠下层弹体逐渐向上收缩堆顶。由于弹药堆的中央和上层为弹壳薄、易起爆的弹丸,所以可用较少的引爆炸药将弹药引爆。由于中心弹和上层弹药的装药多、威力大,并且逐层密切接触,所以引爆炸药引爆中心弹和上层弹药后,能充分利用弹丸内炸药的殉爆作用从中央向周围、从上至下地将坑内的弹药全部炸毁。这样就可以用报废弹药炸毁报废弹药,即利用易引爆且爆炸威力大的弹药去炸毁变质严重或装药少、难以起爆的弹药,克服爆炸不完全现象,并节省引爆炸药用量。

弹药装坑时,应依据弹药的种类、弹径和数量等情况,选择适宜的装坑堆码方法。常用的弹药装坑堆码方法有立式装坑法、辐射状装坑法和梯形装坑法 3 种。

(1)立式装坑法。

立式装坑法适用于弹丸个体较大、品种单一情况的炸毁,如图 4.16 所示。依据弹药装坑原则,首先选择一个弹壳薄、装药多、威力大、易起爆的弹丸做中心弹,立放在爆破坑中央,其余弹丸倾斜地立放在中心弹的周围,使弹口均向中心弹靠拢。堆码时,应避免周围弹过分倾斜及中心弹过分高出周围弹。周围弹过分倾斜,无法实现弹药之间易起爆部位的密切接触,中心弹过分高出周围弹,则不容易放置引爆炸药包而且不能保证引爆炸药可靠地将爆破坑内的弹药引爆。为了避免中心弹过分高出周围弹,在堆码时可先将中心弹埋入爆破坑内,一般埋至弹带部位,然后再倾斜堆码周围弹。依照上述要求将弹药堆码好后,再将弹堆周围的空隙用土填实,以固定弹堆,防止其受震后或在放置引爆炸药时弹丸移位或弹堆倒塌。

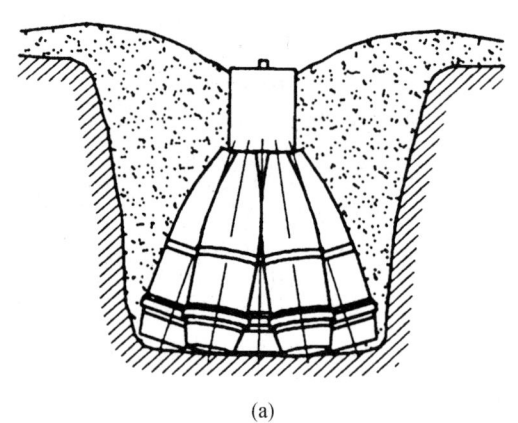

(a)   (b)

图 4.16 立式装坑法

当炸毁弹药的品种杂、个体小、数量多时,不宜采用立式装坑法,这是由于弹药品种繁杂、个体小、数量多的情况下,既不方便立式装坑堆码作业,又由于每坑所装弹丸的数量较少,不利于提高炸毁容量。对于弹体较小的弹丸,虽然按装药量计算每坑所装弹丸的数量远远小于规定限量,但由于装坑方法的限制,也无法在一坑内装入更多的弹丸。当要炸毁较多的小口径弹药时,则需要设置更多个爆破坑,进行更多次的爆破作业,从而给炸毁工作带来极大的不便。因此,当弹药种类繁杂、弹体较小、数量较多时,不宜采用立式装坑法,而应采用辐射状装坑法。

(2)辐射状装坑法。

辐射状装坑法如图 4.17 所示。依据弹药装坑原则,首先选择一个弹壳薄、装药多、威力大、易起爆的弹丸(或捆扎一个直径、长度适宜的炸药包)做中心弹,立放在坑的中央,并将其弹尾部(即弹带以下部分)埋入土内。然后将其余弹丸呈辐射状逐层地堆码在中心弹的周围,直至与中心弹弹口齐平。堆码时,那些弹壳厚、装药少、威力小、难以引爆的弹丸应堆码在弹堆的下层,而弹堆的上层部分和最上层则应堆码弹壳较薄、装药较多、爆炸威力较大、较易引爆的弹丸。中心弹及上层弹应选取不带引信的弹丸。每层弹丸的易引爆端(榴弹为头部,穿甲弹则是尾部)应靠近中心弹。每一层弹应互相紧靠、码平,上层弹应对靠下层弹间隙堆码,以增大各层弹之间的接触面积。最上面的几层弹应逐层减少数量,以便收缩堆顶,进而保证堆顶端能被炸药包爆炸作用区覆盖。

中心弹周围堆码的弹丸层数,以高度不超过中心弹为准。如果中心弹的高度过分高于或低于周围弹的高度,可调整中心弹埋入土中的深度,也可以调整周围弹堆码的层数,使中心弹和周围弹的高度基本一致,以利于引爆炸药可靠地将爆破坑内的弹药引爆。辐射状装坑法是应用较多的一种弹药装坑方法,当弹药品种繁杂、弹径大小不一、数量较多时,宜选用辐射状装坑法。

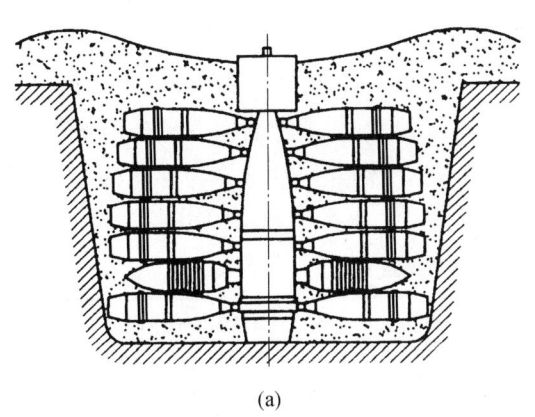
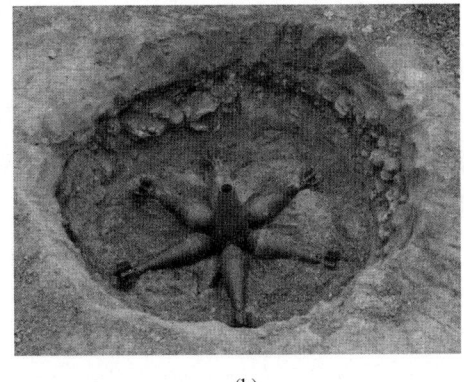

(a) (b)

图 4.17 辐射状装坑法

(3) 梯形装坑法。

梯形装坑法如图 4.18 所示。将弹径一致的弹体一个紧靠一个地并排层叠起来,使上一层弹体堆码在下一层弹体的间隙处,互相紧密接触。当所堆码弹药的弹体圆柱部较短且弹体重心不居中时,为了提高弹堆的稳固性和使坑内的弹体装药分布均匀,宜按层颠倒码放。堆码过程中,用土填平弹体间空隙和垫稳每一层弹体,且由下而上逐层减少一发以收缩堆顶,使弹堆呈梯形,堆顶层以两发弹体为宜。对品种单一、弹壳较薄、装药集中在弹体中部的弹体,如单兵反坦克火箭弹等,宜采用梯形堆码装坑法。

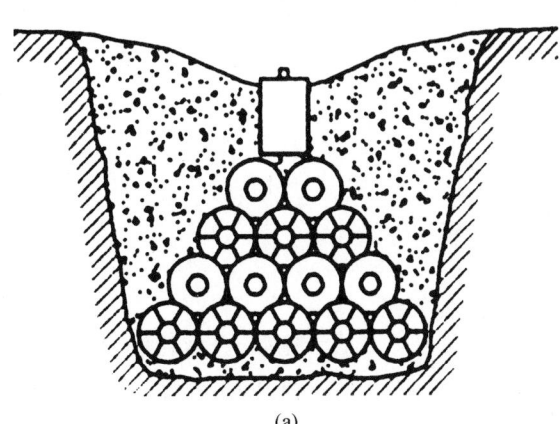
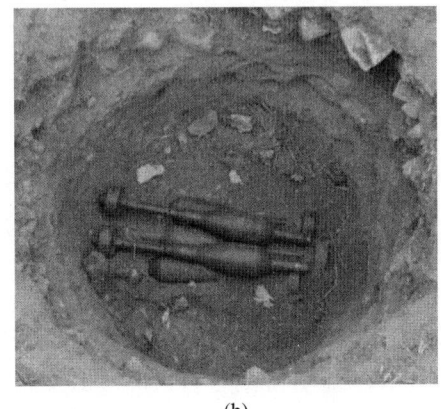

(a) (b)

图 4.18 梯形装坑法

4.5.4 引爆炸药的设置

爆破坑内的弹药堆码好以后,即可放置引爆炸药。因为引爆炸药的数量、炸药包的捆扎形状及安放的位置和掩埋的情况对能否使全坑弹药一次性彻底炸毁影响很大,所以对引爆炸药的设置要求较高,操作中应做到合理地确定引爆药用量,正确地进行炸药包的捆扎。

1. 引爆炸药的用量

从弹药炸毁的彻底性来看,引爆炸药用量越多,可靠性越大。但引爆炸药用量过多,不利于节约。为保证可靠地炸毁弹药又不至于造成浪费,应参考表 4.5 中的引爆炸药参考用量进行设置。当引爆炸药不是梯恩梯时,应根据所用炸药的威力与梯恩梯炸药的当量比进行相应的药量增减。

表 4.5 引爆炸药参考用量表

弹径/mm	单发用量/kg	成堆用量/kg
50~100	0.2~0.6	0.8~2.0
105~155	0.6~0.8	1.6~2.5

若弹丸装药变质严重或者炸毁穿甲弹等弹壳比较厚的弹丸时,引爆炸药的实际用量,需要在相应的参考用量基础上酌情增加。另外,如果第 1 次引爆后炸毁不彻底,再进行第 2 次炸毁时,引爆炸药量应比第 1 次增加 1 倍。

2. 引爆炸药的放置

引爆炸药应放置在弹药堆顶部的中央,紧贴和封压住堆顶,以保证引爆炸药包爆炸后能够确实引爆中心弹和顶层的弹药,继而殉爆整坑弹药。引爆炸药的放置是保证一次性彻底炸毁的重要操作步骤。如果在顶层弹药中,有的弹体未被引爆炸药包引爆,则势必被抛出坑外而不可能再被下层弹药所殉爆。同时,由于顶层弹体引爆不良,必然会对下层乃至全坑弹药的爆炸彻底性带来不良的影响。为此,在放置引爆炸药包时,应把中心弹口部与顶层弹易起爆端之间的所有缝隙,用小碎炸药块塞满填平(注意此处不宜用土填塞),以使引爆炸药包放置平稳并与弹药接触密切,保证引爆炸药爆炸后,对中心弹和顶层弹的引爆作用更加确实,减少引爆不完全和炸毁不彻底的可能性。

3. 填土掩埋

引爆炸药包放置稳妥后,将弹药堆和引爆炸药包周围填土掩埋,直至与引爆炸药包顶部齐平,注意在炸药包的顶部留出安插雷管的位置。进行填土掩埋时,要注意勿使弹药和引爆炸药包移位,更不得使之受到冲击,特别是当坑内有危险性较大的弹药时,更要小心谨慎,以确保操作安全。

在弹药堆顶和引爆炸药包周围填土掩埋的作用有三点:一是可以固定已放置好的引爆炸药包;二是弹药堆顶有一较厚的土层,可以阻挡和减少破片飞散;三是在炸药、弹药爆炸瞬间起"闭塞"作用,减少爆炸能量的逸散,加强殉爆作用,进而提高炸毁的彻底性。

4.5.5 弹药炸毁实施程序

进行弹药炸毁作业时,通常可分为方案制订、作业准备和作业实施 3 个阶段。

1. 方案制订

在任务分析、弹药清查和现场考察的基础上,明确任务目标与基本原则、人员组织(如组织指挥组、技术作业组、运输组、通信警戒组和救护组等)与分工,以及实施步骤、方法和要求;明确防护措施和注意事项,提出进度计划安排、实施要求;编制相关作业技术规程以及突发情况处置预案等;按规定程序审定、报批。

2. 作业准备

作业准备包括协调动员、人员培训和安全教育、弹药准备、场地准备、车辆器材准备、确定通信联络方式、联动协防和检查验收等工作。

3. 作业实施

以装坑爆破法为例,作业实施主要包括作业动员、清场展开、实施警戒、前期作业、起爆(点火)准备、起爆(点火)、清理现场、解除警戒、物资撤收和小结讲评等。具体步骤如下。

(1) 作业动员。

弹药、人员、作业物资器材等抵达炸毁场预定位置,停车熄火;在弹药车附近集结人员,各组组长向现场指挥人员报告所管人员和弹药、物资器材运输到位情况;现场指挥员点名后做简要动员,主要是进一步明确任务和作业要求。

(2) 清场展开。

动员完毕后,现场指挥员下达"清场、展开"命令,各类人员带开、就位。警戒人员按照预定的位置进入各自的警戒岗位,将无关的人员和牲畜清理出禁区。运输组人员将弹药、工具和器材搬运到指定位置。救护人员做好救护前的各项准备工作。作业人员携带必需的工具和器材进入炸毁作业区,炸毁作业区除直接参加的作业人员和指挥组人员外,其他各类人员非经允许不得进入。各组人员、物资展开就位后,应及时向现场指挥员报告。

(3) 实施警戒。

确认各组展开就位、警戒区清场完毕后,现场指挥员发布"实施警戒"命令或信号(如3发信号弹),警戒人员开始实施警戒,主要是严防无关人员和牲畜进入警戒区内。

(4) 前期作业。

作业人员根据警戒信号,按照技术规程要求,依次或同步进行爆破坑设置(包括挖坑、弹药装坑、引爆炸药设置、填土掩埋等)、制作点火具、布设点火线路等。

(5) 起爆(点火)准备。上述作业完毕后,清理现场作业器材(如锹、剩余起爆炸药等)和无关物品(如弹药包装箱等),除起爆(点火)人员外,危险区其余人员撤至预定安全地域。然后,向现场指挥员报告"起爆(点火)准备完毕"。

(6)起爆(点火)。

现场指挥员接到"起爆(点火)准备完毕"的报告后,向全场人员下达"准备起爆(点火)"的命令,发布加强警戒的信号(如 3 发信号弹)。警戒人员迅即进入隐蔽状态,各警戒哨依次、及时报告警戒是否正常。采用火力引爆法时,点火人员插入点火具,确认连接可靠后,向现场指挥员报告"点火准备正常";采用电力引爆法时,起爆人员插入雷管,确认线路连接可靠后,撤至人员掩体,进行点火线路电阻检测,检测合格后,起爆人员向现场指挥员报告"起爆准备正常"。接到"警戒正常"或"起爆(点火)准备正常"的报告后,现场指挥员向全体人员发布"起爆(点火)"命令,起爆(点火)人员按要领实施起爆或点火(点火人员按预定路线,中速、慢跑,撤进掩体)。然后,注意观察引爆情况(主要是倾听爆炸声)。

(7)现场清理。

炸毁作业爆音停止 5 min、确认无"哑炮"后,现场指挥员发布"清理现场"的命令。有关人员应对作业现场进行认真检查,搜寻被抛出的未爆、半爆的销毁物,并将其集中重新进行销毁。若有带引信的未爆、半爆弹药或元件,不应随意搬动,应就地炸毁。遇有"哑炮",应再过 30 min 后,才准许有经验的作业人员进入现场探查情况并报告现场指挥员,由现场指挥员按上述作业实施程序重新组织炸毁。

(8)解除警戒。

所有技术作业完成后,现场指挥员发布"解除警戒"信号(如 3 发绿色信号弹),哨位人员撤回,警戒解除。

(9)物资撤收。

按预订方案,组织进行各类物资、器材等的清点、装箱和装车,清理现场,恢复原貌。

(10)小结讲评。

物资撤收完毕后,人员集结,现场指挥员组织点名和讲评,小结当天任务完成情况和特点,表扬先进,提出问题和今后注意的问题。然后,各组组织人员登车带回或物资入库。

第5章 地雷武器及其运用

5.1 地雷概述

地雷是布设在地面下或地面上，当目标进入其作用范围、满足其动作条件时，即自行发火或由人工操纵起爆的一种爆炸性武器。地雷可以由受害者自身击发，即由毁伤目标踩踏、撞击或者由直接压力、绊线、触杆、物理场（声音、磁信号、震动等）、指令等方法引爆，也可以延时起爆。加入防排装置后，它们还能变身为诡雷，从而使得排雷工作愈发困难。

传统意义上，地雷是一种防御性武器，可以为重要的军事设施提供保护，或者通过杀伤对手人员或损毁技术兵器的形式迟滞其行动，逼迫其改变行进路线。随着技术的发展和作战样式的革新，尤其是可撒布地雷的出现，地雷也逐渐用于进攻性目的，在冲突期间，可以利用地雷摧毁或损伤对手的基础设施。地雷还经常被应用于简易爆炸装置，地雷的装药可以作为其爆炸物，甚至整个地雷都可能被用作受害者自操纵型简易爆炸装置的击发机构。

地雷一般会被埋入地下、藏匿于草丛或者建筑物之中、固定在木桩或树干上，或者伪装成与周围环境一致，使得它们难以被发现。在常规战争中，地雷一般都会按一定的规律布设，以便制造连续的障碍，也会在道路沿线或围绕战略要点布雷。新布设的雷场，其位置、范围、行距、地雷间距等信息应记录在雷场要图或其他形式的文件中，但有些国家、实体的雷场记录可靠程度堪忧，不能作为扫雷或开辟通道的唯一依据。有些情况下，由于交战区域不停发生变化，冲突各方在该区域均布设了自己的雷场，甚至有些地雷由飞机或者火炮撒布至一个较大的范围内，并没有任何明显可以辨别的规律。因此，战后雷场清理工作需要投入大量专业排雷作业人员，经过很长时间才能完成。

5.2 地雷的发展历史

地雷的发展历史一般划分为以下3个阶段。

5.2.1 一战之前的地雷

有人认为现代地雷的起源"可追溯到古代军队使用的非爆炸性武器,如铁钉和树桩"。但大部分学者认为地雷本质上是一种爆炸性武器,其出现和发展应该以火炸药的发明为基础,因此地雷最早出现在中国。

13世纪初,南宋官军制造出了"震天雷",其壳体材质为铸铁,内置黑火药,靠引火线引燃。它可以用作炮弹,由抛石机抛射向对手,也可以由士兵投掷或滚放,还能埋设在交通要道、隘口等对手的必经之路,在其靠近时点燃引爆。由目标自身触发而爆炸的地雷出现在明朝中期,据清代张英等人撰写的《渊鉴类函》记载,在明嘉靖二十五年(公元1546年),兵部侍郎曾铣在陕西设置了一种掷石地雷:"穴地丈许,柜药于中。以石满覆,更覆以沙,令与地平。伏火于下,可以经月。系其发机于地面,过者蹴机,由火坠药发,石飞坠杀人"。明代天启元年(公元1621年),茅元仪编纂的《武备志》对明代10余种地雷的结构和制作方法进行了总结,可见当时地雷已经发展到了一定的水平,如图5.1、图5.2所示。

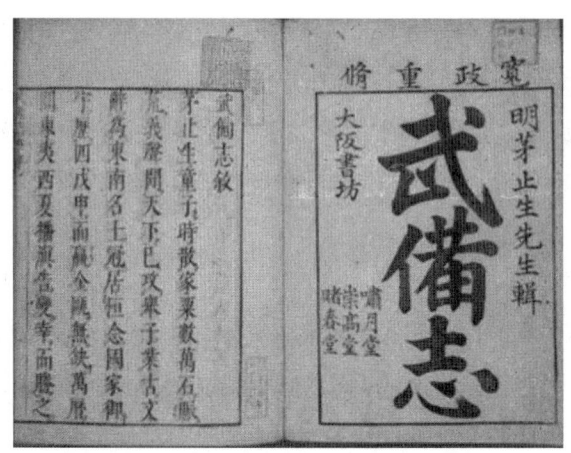

图5.1 明代学者茅元仪编纂的《武备志》

在欧洲,德国工程师萨穆埃尔·齐默曼于1573年发明了"飞雷",其装药为黑火药,依靠人员踩踏或者绊线发火爆炸。这种地雷被用于普法战争。1828—1829年的俄土战争期间,俄罗斯军队第一次将电发火引信用于地雷,有效提高了起爆地雷的可靠性。美国内战期间,北方联邦政府部队的加布里埃尔·J.雷恩斯将军守卫约克郡时,在1862年春天命令部队使用了一种拉动绊线或踩踏即能起爆火炮弹药的新型武器。1904—1905年日俄战争期间,俄军在旅顺口防御战中使用了跳雷。但直到第一次世界大战之前,地雷并不是一种常规武器,没有大范围使用的记录。

图 5.2　中国古代地雷的铸铁壳体

5.2.2　两次世界大战期间的地雷

第一次世界大战期间,协约国一方的英国于 1915 年发明了坦克,为了对抗这种新型武器,德国在 1918 年将火炮炮弹改制为防坦克地雷,后面又陆续发明了 2 种防坦克地雷。第一次世界大战期间,防步兵地雷并没有被大规模布设,只有少量用炮弹改装的防步兵地雷和诡雷被埋设在对手行进的路线上。

第一次世界大战后,世界各国都加大了对地雷的研发力度,英、美、法、苏等国都用防步兵和防坦克地雷大量地装备本国部队。因此,在第二次世界大战期间,无论是地雷的品种、数量还是质量都远超第一次世界大战。据统计,苏联一共生产了 61 种地雷,配用 26 种引信;德国生产了 36 种地雷,使用过 28 种引信,直到战争结束之前,德国科学家还在研究磁感应、震动、遥控和无线电控制等新型引信技术。美国国防部情报局的数据显示,第二次世界大战期间共使用了超过 30 亿枚防坦克地雷。聚能装药、可撒布地雷、防排装置等新型技术出现并得以广泛应用。

地雷在第二次世界大战期间发挥了重要作用,以苏联军队为例,在整个第二次世界大战期间共使用了约 2.2 亿枚地雷,毁伤德军坦克将近 1 万辆,炸死杀伤德军人员超过十万名。仅在 1943 年夏季的库尔斯克会战中,就使用了 180 万枚以上的防坦克地雷,对 1 056 辆坦克/自行火炮和数千名德军官兵造成了有效杀伤。

5.2.3　第二次世界大战后的地雷

第二次世界大战后,各国更为重视地雷的研究和生产,研究方向主要集中在威力、大小、防探能力、后勤支持和布设速度 5 个方面。一些主要国家在地雷抗爆炸冲击波方面取得了较大进展,也开始采用塑料替代金属作为地雷壳体和引信的材料,以提高其耐爆性和防探性能。美国先后开发了核地雷、化学地雷等,尝试从不同角度增强地雷的杀伤威力。电子控制技术和聚能装药战斗部的应用使得多个国家研制出反履带、反车底和反侧甲地雷,增加了防坦克地雷的有效作用宽度。许多国家还装备了多种地雷运载和撒布工具,可以在远、中、近多个距离上大范围快速撒布地雷,这使得地雷在某种意义上从防御性武器转变为进攻性武器。为防止地雷在战后对平民形成长期性威胁,很多国家研制了带有自毁装置的地雷。到20世纪90年代,世界各国已生产并装备了600多种地雷。

防步兵地雷被广泛应用于局部战争。据统计,1950—1953年的战争中美军5%的伤亡是由地雷造成的;1961—1975年的战争期间,仅1966—1968年,美国国防部就采购了1.14亿枚防步兵地雷,用于阻断对手南北地区之间人员和物资的流动。五次中东战争、两伊战争、海湾战争等大规模战争期间也大量使用了防坦克和防步兵地雷。

此外,地雷还被频繁应用于一些国家的内战之中,通常这些国家使用技术含量较低的传统防步兵和防坦克地雷,此类地雷价格低廉,平均每枚造价不超过10美元,可采用人工方式大量布设,作为保护自己、打击对手或者控制平民的手段。甚至有些平民为了保护自身安全或经济利益,也会自行埋设地雷。

5.3　地雷的基本结构

地雷一般由壳体、装药、引信和传动装置四大部分组成,如图5.3、图5.4所示。

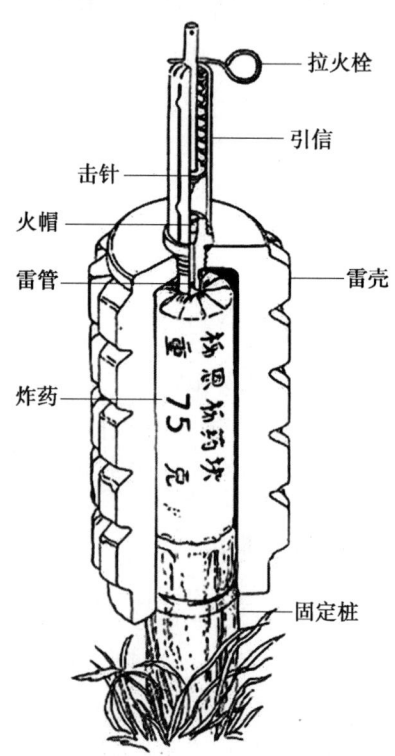

图5.3　某型防步兵地雷的结构示意图

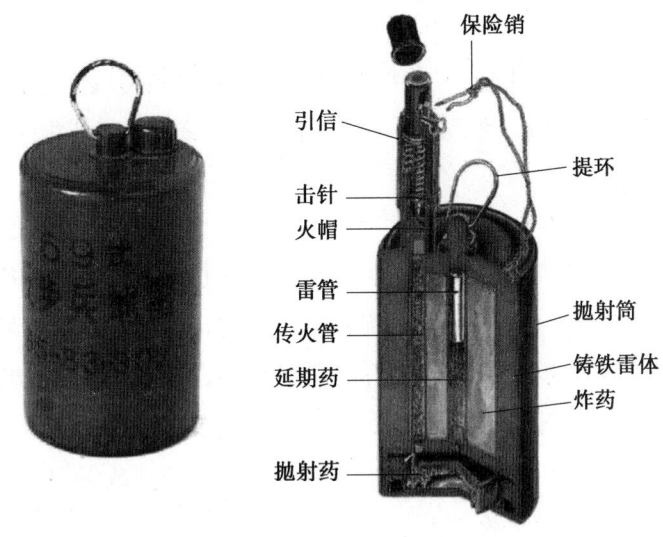

图 5.4　69 式防步兵地雷及结构示意图

5.3.1　壳体

地雷的壳体用于盛装装药,将炸药装填为一定形状,并隔绝温度、湿度等外界条件影响,以免装药变质失效;安装、连接和固定引信、传动装置等其他零部件,使所有部件形成一个整体,便于运输、储存和使用;金属壳体可以在炸药爆炸时形成高速飞散的破片,造成杀伤。

地雷壳体通常包括以下几种。

1. 金属壳体

因防坦克地雷机械强度较高、易于冲压成型,其多用低碳钢板制作壳体。铸钢机械强度低,在炸药爆炸时可形成碎片,适合制作破片型防步兵地雷的壳体。少量地雷的壳体采用铜、铝等金属材料制成。

2. 塑料壳体

用塑料制作地雷壳体的优势在于质量轻、成本低、防潮性好,并且难以使用金属探测器确定埋设位置。很多地雷采用 ABS 工程塑料作为壳体,因为这种材料具备硬度高、韧性好、不易变形、耐化学腐蚀、不易老化、电绝缘性好、易于加工等优势,尤其适用于爆炸冲击波型防步兵地雷。

3. 木质壳体

使用木材作为地雷壳体的好处在于木材易于获取和加工、价格低廉,难以探测定位。但木材防潮性能差、强度低,长时间埋在地面之下容易腐烂,因此目前已经很少使用。

4. 其他材料

个别国家还使用玻璃纤维、牛皮纸、陶瓷等材料制作地雷的壳体,还有些地雷没有壳体,先将其主装药压制成型,然后通过一定的制作工艺将其表面硬化,从而制成无壳地雷。

5.3.2 装药

作为一种爆炸性装置,装药是地雷产生破坏和杀伤威力的能量来源。地雷装填的一般是猛炸药,包括梯恩梯、特屈儿、黑索金或其混合物,例如黑梯炸药(黑索金和梯恩梯的混合物)、梯萘炸药(梯恩梯和二硝基萘的混合物)等,有时还会使用塑性炸药、液体炸药和燃料空气炸药等。部分地雷装有黑火药,用于延期装置或作为跳雷的发射药。特种地雷则根据其用途,装填有烟雾剂、照明剂、燃烧剂等烟火药剂或毒剂。核地雷的主装药为核爆炸装置。粉状梯恩梯炸药,如图 5.5 所示。

图 5.5 粉状梯恩梯炸药

地雷的装药方式通常为压装或熔铸,装药的形状包括圆柱形装药、方块形装药、条带形装药和带有药型罩的聚能装药等。

5.3.3 引信

引信是地雷的发火装置,内置起爆药,能够感知目标信息并按照目标信息或预定的时间、操作者的指令等适时起爆地雷。地雷的引信多种多样,可以按照以下标准分为不同种类。

1. 按照发火原理,地雷的引信可以分为机械引信、化学引信和电引信

(1)机械引信。

利用针刺火帽或针刺雷管,通过击针撞击的机械能,引燃起爆药。

(2)化学引信。

内置化学药剂,在一定外力的作用下,不同药剂接触并发生化学反应,利用反应产生的火焰引爆火雷管。

(3)电引信。

引信内的电路在受到外力或者预定目标的电磁场、光线、声波等物理影响时接通,其电雷管即被引爆。

2. 按照目标作用方式,地雷的引信可以分为触发引信和非触发引信

(1)触发引信。

触发引信指需要目标直接接触方能引爆地雷的引信,包括压发引信、松发引信、拉发引信、断发引信、触杆引信和微动触发引信等。

(2)非触发引信。

非触发引信指不需要与目标直接接触,可以借助目标与引信之间的非接触性物理场的感应作用而引爆地雷的引信,包括电磁引信、光电引信、震动引信、声电引信、微波引信和复合非接触引信等。

3. 按照抗爆能力,地雷的引信可以分为耐爆引信和非耐爆引信

(1)耐爆引信。

耐爆引信指能在一定强度的爆炸冲击波作用下仍不发火,并且依然能够可靠作用的引信。装有这种引信的地雷难以依靠爆破法清除干净。

(2)非耐爆引信。

非耐爆引信是指在一定强度冲击波作用下即会发火的引信。

4. 按照是否装有自毁装置,地雷的引信可以分为自毁引信和非自毁引信

(1)自毁引信。

装备了定时自毁或自失效装置的引信,以保证所布设的地雷即使在战斗过程中没有被对手引爆,也会在规定时间内自行爆炸或失效,以免影响己方或者友军的作战行动,防止因地雷被对手拆解而造成泄密,同时还可以满足人道主义要求,不会形成战争遗留爆炸物。

(2)非自毁引信。

非自毁引信是指不具备定时自毁或自失效功能的传统引信。

5. 按照发火时限,地雷的引信可以分为瞬发引信和延期引信

(1)瞬发引信。

瞬发引信是指直接依靠目标的作用力而瞬时发火的引信。

(2)延期引信。

延期引信是指装有延期元件、延期装置,在受力或物理场影响后延迟一定时间作用,或者无须目标作用力、按照预先装定的时间而自行作用的引信。按延期作用时间长短,还可进一步分为短延期引信、中延期引信和长延期引信。

5.3.4 传动装置

对于触发地雷而言,传动装置是一个必不可少的组成部分,它直接承受目标的作用力,当作用力达到一定量级时发生变形、位移或破碎,将作用力传递给引信,促使其发火。

不同的触发地雷,其传动装置的传动方式也不相同。压发地雷装有压盖、弹簧、碟簧,触发地雷有触杆,绊发地雷的传动装置则包括绊线和相关附件。

非触发地雷则需装有一个或多个传感器,依靠传感器感知预定目标的距离和方向,待其进入杀伤范围后引信动作,引爆地雷。以俄罗斯"旋律"反直升机地雷为例,如图5.6所示,它采用了声学-红外复合传感器,声学传感器可以在3 200 m的距离上识别对手直升机,待其进入1 000 m范围内之后,红外传感器被唤醒、跟踪、锁定目标的方向和距离。当目标直升机进入杀伤范围后,地雷爆炸,爆炸成型弹丸以2 500 m/s的初速射向直升机,对其进行杀伤。

图5.6 俄罗斯"旋律"反直升机地雷

除上述4种主要部件之外,很多地雷还装有其他装置,如保险装置、防排装置、防拆装置、抛射装置和自毁装置等。

5.4 地雷的分类

目前世界范围内的地雷超过 600 种,还有很多由反政府军事组织制造使用的简易地雷。地雷可根据用途、控制方式、引信发火机构、布设方式、生产方式、功能和特点等不同标准进行分类。

1. 按照用途分

按照用途分,可以分为防坦克地雷、防步兵地雷和特种雷,具体见表 5.1。

表 5.1 地雷种类列表(按照用途分类)

地雷	防坦克地雷	反坦克履带地雷		
		反坦克车底地雷		
		反坦克履带、车底两用地雷		
		反坦克侧甲地雷		
		反坦克顶甲地雷		
	防步兵地雷	爆炸冲击波型地雷		
		破片型地雷	地面爆炸雷	定向地雷
				非定向地雷
			跳雷	
	特种雷	防直升机地雷		
		信号雷		
		照明雷		
		燃烧雷		
		化学雷		
		核地雷		
		诡雷		
		空飘雷		
		水雷		

2. 按控制方式分

按控制方式,可分为操纵地雷和非操纵地雷,具体见表 5.2。

表 5.2 地雷种类列表（按照控制方式分类）

地雷	操纵地雷	有线电操纵地雷	
		无线电操纵地雷	
		绳索操纵地雷	
	非操纵地雷	触发地雷	压发地雷
			绊发地雷
			松发地雷
			断发地雷
			触杆地雷
			微动触发地雷
		非触发地雷	磁感应地雷
			光电效应地雷
			震动效应地雷
			声电效应地雷
			复合效应地雷

3. 按发火期限分

按发火期限分，可分为瞬发地雷和定时地雷。

4. 按布设方式分

按布设方式分，可分为可撒布地雷和非可撒布地雷。

5. 按抗爆炸冲击波能力分

按抗爆炸冲击波能力分，可分为耐爆地雷和非耐爆地雷。

6. 按制作方式分

按制作方式分，可分为制式地雷和应用地雷。

7. 按地雷引信系统的保险性能分

按地雷引信系统的保险性能分，可分为全保险地雷、半保险地雷和非保险地雷。

8. 按智能化水平分

按智能化水平分，可分为智能地雷和非智能地雷。

5.5 常见地雷及范例

最为常见的地雷是防步兵地雷和防坦克地雷，图 5.7 为在某国境内发现的各类防步兵地雷和防坦克地雷。

图 5.7　某国境内发现的各类防步兵地雷和防坦克地雷

5.5.1　防步兵地雷

防步兵地雷指设计旨在当人员出现、接近或接触时即会爆炸而使一个或多个人丧失能力、受伤或死亡的地雷。一般而言，防步兵地雷会在有人踩踏或者绊线被触碰时爆炸，也可以设置为定时爆炸或遥控爆炸的形式。其主要作用是杀伤步兵、骑兵等，也可与防坦克地雷配合使用，保护防坦克雷场。

防步兵地雷通常体积较小，形状各不相同，可能放置于地面之上，埋入地下或固定在地面某处。它们壳体的材质可能为木质、塑料或金属，大多经过伪装，以便与环境融为一体。一旦触发，防步兵地雷能够通过爆炸冲击波、飞散破片致人死亡或受伤。

近年来，防步兵地雷的主要研发方向如下。

一是向小型化、轻型化方向发展。爆炸冲击波型防步兵地雷的发展方向分为以下几种：通过改善炸药的性能，减少装药量；改用塑料材质制作雷壳等部件，降低总体质量；合理提出威力指标，转为以致残为主要目标。

二是提高杀伤效果。破片型防步兵地雷采用内置钢珠、预制破片或者半预制破片等手段，生成质量和体积合理的破片，增加杀伤破片的密度，控制破片的飞散方向，从而增大杀伤半径，提升毁伤效能。

三是提高耐爆能力。通过使用压发气动引信等耐爆引信、改进雷体结构等措施，使防步兵地雷具备耐爆性，不易被对手工兵清除。

四是重点发展各型可撒布地雷，改进布雷效率，创新防步兵地雷使用场景。

五是在国际地雷公约框架内，出于人道主义考虑，研制不同于传统杀伤机理的新型地雷，如防步兵刺钉障碍器、闪光爆震地雷等。

从杀伤机理的角度，防步兵地雷一般分为爆破冲击波型防步兵地雷和破片型防步兵地雷。

1. 爆破冲击波型地雷

这种地雷利用炸药爆炸产物直接作用,杀伤对手有生力量,决定其威力的因素包括装药量、相对于目标的位置和地雷的覆盖等。目前,随着杀伤观念和新型技术的变化,大部分地雷的装药量在 100 g 以下,个别地雷的主装药质量甚至不到 10 g。

(1)美国 M25 型防步兵地雷。

M25 型防步兵地雷大致呈胡萝卜形,如图 5.8 所示,其最大直径为 2.9 cm,总高为 7.6 cm,雷壳材料为酚醛塑料,主装药为特屈儿,装药量仅为 9.4 g,地雷全重为 78 g,动作压力为 59~108 N。该地雷分为雷壳、战斗部和引信 3 部分。战斗部内为聚能装药,并有药型罩,位于雷体上方,同时也充当地雷的压发装置。雷壳下部内装一枚整体压发引信,与雷壳制成一体,不可取下。

地雷布设完毕后,击针座被 2 枚钢珠卡住,使击针保持待发状态。当战斗部上受到足够压力时,装药筒带动击针座下降,压缩击针簧,限位钢珠脱出,击针失去控制,在击针簧的张力作用下击发雷管,引起装药爆炸,可炸穿人员脚掌或汽车轮胎。

该型地雷难以依靠人工排除,一般用坦克履带碾压或爆炸法诱爆。

图 5.8 美国 M25 型防步兵地雷

(2)德国 DM11 型防步兵压发地雷。

这是一款圆饼形地雷,如图 5.9 所示,它采用合成树脂雷壳,其击发装置为一枚碟簧片击针,采用半球形回转体雷盖,具备一定的耐爆性,适用于配合耐爆的防坦克地雷布设雷场。

其耐爆原理为地雷布设好之后,当步兵踏上或轮胎碾过时,压力一般来自雷盖的某一侧,雷盖的回转体要相对雷体转动,当压力达到预定值(98 N),碟簧片击针的尾部离开雷体中间凹槽,沿雷体弧面上升,从而向上压迫碟簧片,最终造成碟簧片失稳,翻转后击发起爆管,地雷爆炸;如果地雷受到的是爆炸载荷,由于爆炸冲击波速度太快,且基本均衡作用于整个雷盖之上,回转体不会产生回转动作,所以碟簧片不会受力翻转,地雷就不会被诱爆。

图 5.9　德国 DM11 型防步兵压发地雷

(3) 某型防步兵地雷。

该型地雷呈圆饼状,采用塑料壳体,全重为 135 g,内装太安炸药 21 g,起爆动作压力为 50～147 N,可炸伤触雷人员肢体。

该型地雷使用电子引信,具有延时、防拆和自毁功能。平时保险销挡住接触片,使之与接触环分离,电路断开,地雷处于安全状态;保险销被拔除后,接触片在自身弹力作用下复位,连接接触环并接通电路,引信开始工作;经过 3～8 min 延时之后,地雷进入战斗状态;当压盖受到的压力满足动作要求时下压,上下接触片连接,地雷爆炸;地雷上、下体被旋动时,接触片沿接触环滑动,旋转不足一圈即可与挡片接触,连通电路使地雷爆炸;当地雷受力倾斜至 15°～45°时,钢珠滚动接通电路,地雷爆炸;到达装定的自毁时间后,地雷自行爆炸,自毁时间由工厂负责装定,分为 3 d、5 d、10 d 和 20 d 4 个等级。

2. 破片型地雷

破片型地雷主要依靠爆炸后雷体产生的破片(包括预制破片)造成杀伤,主要包括跳雷、定高爆炸破片雷和定向雷等。跳雷布设于地面或地面以下,作用时先被抛射至一定高度,然后爆炸,破片沿球面向四周飞散;定高爆炸破片雷设置于距离地面以上一定高度,触发后在此高度原地爆炸,破片向四周飞散;定向雷利用装药结构,将爆炸产生的破片或预制破片控制在一定方向和范围内,用于定向杀伤有生力量、破障等目的。

(1) 德国 S 型防步兵地雷。

德国 S 型防步兵地雷由德军在 20 世纪 30 年代研制,曾广泛应用于第二次世界大战的多个战场,是最为知名的防步兵地雷之一。这种昵称为"弹跳贝蒂"的地雷主要用于对付开阔地域未加防护的步兵,一共有 2 款:SMi-35(图 5.10)和 SMi-44,由投产的年代命名,主要差别在于前者的引信位于雷体中央,后者则偏向一侧。1935—1945 年,德国共生产了超过 193 万枚 S 型防步兵地雷。

图 5.10　德国 SMi-35 型防步兵地雷

德国 S 型防步兵地雷的壳体为钢质圆筒,高约 15 cm,直径为 10 cm,上端面有一根凸出的钢柱与主引信相连。整个地雷重约 4 kg,主装药为梯恩梯,抛射药为黑火药,依靠撞击火帽点燃,标准起爆压力为 68.5 N。

S 型防步兵地雷的击发装置通常为一枚三齿压力引信,加装特殊的适配装置后,也可以通过绊线起爆。击发后,S 型防步兵地雷首先被抛射药抛至空中,其主装药经短暂延时后在 0.9~1.5 m 的高度上爆炸。其壳体内装有大约 360 枚钢珠或金属破片,在爆炸冲击波的作用下向四周高速飞散,对附近人员造成杀伤。据德军的文献资料表明,S 型防步兵地雷的致命杀伤半径约为 20 m,在 100 m 范围内均可造成伤害。

鉴于其在第二次世界大战期间取得的显著效果,德国 S 型防步兵地雷被多个国家仿制,法国的 Mle1939 型、美国的 M2 和 M16 型、苏联的 OZM 系列地雷等均借鉴了 S 型防步兵地雷的设计思路。

(2) 美国 M18A1 型克莱莫防步兵地雷。

M18A1 型克莱莫防步兵地雷(Claymore,也译为"阔剑"或"阔刀"地雷)是美军在第二次世界大战后研制的一种定向防步兵地雷,如图 5.11 所示。发明者诺曼·A.麦克劳德以苏格兰中世纪流行的一种阔剑为其命名,主要作用原理为米斯奈-沙尔丁爆炸效应,即在一块带弧度的钢板后引爆炸药,爆轰波垂直作用于钢板上,会形成多个高速侵彻体,产生强大的杀伤效应。

该型地雷的壳体为弧形灰绿色塑料外壳,便于在丛林中伪装隐藏,长约为 21.6 cm,高约为 12.4 cm,厚约为 3.8 cm,重约为 1.6 kg,正面有"FRONT TOWARDS ENEMY(正面,此面向敌)"字样,背面有一圆孔,用于插入起爆用的火帽或雷管,下方有三脚架或 2 条剪刀形支撑腿,用于固定雷体。第 2 代克莱莫地雷在上方还安装一个简易瞄准装置,可准确定位对手来袭方向。

图5.11 美国 M18A1 型克莱莫防步兵地雷

M18A1 型克莱莫地雷的主装药为 C4 塑性炸药,装药量约为 0.68 kg,炸药外侧装有 700 颗直径为 3.2 mm 的钢珠,起爆后可以 1 200 m/s 的速度沿 60°角弧形向外飞散,高度约为 2 m。其有效杀伤半径为 50 m,100 m 以外仍有可观的杀伤力,最远射程为 250 m 左右。在 50 m 距离上,人形靶命中概率为 30%,100 m 距离上为 10%。

克莱莫地雷有 3 种起爆方式。

①指令起爆。一般通过电缆以电点火方式,由操作人员在其最佳杀伤距离(20~30 m)手动遥控起爆。一套美军 M57 型起爆装置可以同时起爆多枚连接在一起的克莱莫防步兵地雷。在这种模式下,配合瞄准装置,该型地雷可以用作进攻性武器,用于覆盖介于手榴弹最大攻击范围和火炮最小射程之间的距离。

②被动起爆。即由受害者自身通过绊线、压发装置或其他机械、电子装置起爆。

③延时起爆。通过导火索或延时引信等方式起爆,但此种方式较为少见。

M18A1 型克莱莫防步兵地雷性能稳定,环境适应性强,可铺设在地面或固定在树干、木桩之上使用,能用于防御、进攻,也可制成诡雷装置,对于步兵尤其是集群步兵有很大的杀伤威力,因此被苏联、法国、南非、以色列等多个国家仿制。

(3)美国 BLU-42/B 型防步兵绊发地雷。

该型地雷为可撒布地雷,雷壳由 2 个带有凸棱的金属半球体扣合而成,主装药为黑梯炸药,装药量为 60 g,全重为 470 g,爆炸后可形成米粒大小的破片,能够对半径 8 m 之内的人员造成有效杀伤。

BLU-42/B 型防步兵地雷采用了一种触发式电子引信,包括保险系统、绊线系统和电路系统 3 个部分。保险系统可以保证平时地雷处于保险状态,空投后壳体表面的凸棱受到空气阻力作用,导致雷体自转,当转速达到 2 800 r/min 时,可以在离心力作用下解除保险,接通电路,延时系统开始工作;绊线系统则可以在解除保险后,展开 8 根 8~10 m 长的绊线;电路部分一方面可以提供 30 s 延时,另一方面则保证触发时地雷可靠作用。地雷落地 30 s 之后进入工作状态,受到外力触动或者剪断绊线即可爆炸。

该型地雷具备自毁功能,其工作原理为电池起始电压为 4.05 V,随着时间推移电压会持续下降,待下降至 3~3.5 V 时,自毁电路产生信号,引起电雷管爆炸,从而实现自毁。其自毁时限为几天至十几天。

5.5.2 防坦克地雷

防坦克地雷设计用于瘫痪或者摧毁对手坦克或装甲车辆。与防步兵地雷相比,防坦克地雷的质量更大,装药量更多。防坦克地雷一般被制成圆形、方形或长条形,大小从 40 cm(直径)×16 cm(高度)到 23 cm(直径)×10 cm(高度)不等。其壳体可由木材、塑料或金属制作,颜色也没有一定之规。防坦克地雷的梯恩梯当量一般为 5~6 kg,如带有聚能装药战斗部则装药量会减少。要引爆一枚标准的防坦克地雷需要相当大的压力,大约为 1 175~1 470 N。但这并不意味着低于该标准就绝对安全。如果其引信系统锈蚀,或者经过专门调整,防坦克地雷所需的引爆压力就会相应地降低。

防坦克地雷对目标的最终效应,是使其丧失、削弱战斗力或机动性,包括炸断履带、击穿装甲、杀伤内部成员、破坏内部装备、诱爆携带弹药或破坏主装武器等。从具体的打击部位区分,防坦克地雷可分为反坦克履带地雷、反坦克车底地雷、反坦克履带车底两用地雷、反坦克侧甲地雷和反坦克顶甲地雷等。对不同种类的地雷,其威力要求也各不相同。

(1)对于防坦克履带地雷,要求其在全压或半压条件下能炸断履带,或者断裂长度不小于履带宽度的 2/3,使坦克失去机动能力。

(2)对于防坦克车底地雷,要求能炸穿车底,杀伤乘员,破坏内部装备,使坦克丧失或削弱战斗能力。

(3)对于防坦克侧甲地雷,要求静破甲至少可击穿 700 mm 厚度的标准装甲钢板。

(4)对于防坦克顶甲地雷,要求能有效击穿坦克、装甲车辆的顶甲,杀伤乘员,破坏其内部装备,使其丧失或削弱战斗能力。

第二次世界大战期间,各国的防坦克地雷以反坦克履带地雷为主,因此所用引信也基本上是压发、拉发或者松发等机械触发式引信。战后不久,出现了反坦克车底地雷和反坦克侧甲地雷,外军也随之研发了触杆引信和各型非触发的感应引信,如磁感应引信、红外光学引信、声引信、水压引信、遥控引信、震动引信以及多种复合引信,以满足其性能需要。

有时防坦克地雷被设计成诡雷,有人触动时即可起爆,例如在防坦克地雷之上布设防步兵地雷,后者起爆时,防坦克地雷也会同时爆炸。需要注意的是,防坦克地雷周围往往都会布有防步兵地雷,使其不易被人排除。

1. 防坦克履带地雷

防坦克履带地雷用于破坏坦克或其他车辆的履带及行走部分。其优点是结构简单,制作方便,成本较低。但其缺点也相应地较为突出。一是破坏效果不够彻底,仅能破坏坦克的行走部分,战场修复能力强的对手仅需几分钟即可使坦克恢复战斗力;二是质量大,传统防坦克履带地雷的装药量一般在 5 kg 以上,全雷质量在 7~8 kg,因此机动性差,作业时运输量大;三是单雷障碍宽度小,由于此类地雷大多使用压发式引信,需坦克履带碾压地雷时方可作用,因此雷场中的地雷密度必须高于其他类型地雷。

近年来,各国对防坦克履带地雷的改进主要集中在以下几个方面。

(1)设计生产耐爆型地雷。

由于地雷在历次战争中表现出来的巨大作用,各国都研发了大量的爆炸法扫雷器材,如英国的"大蝮蛇"扫雷装药、苏军的火箭推送和坦克推送的直列装药扫雷器材等。为提高防坦克地雷的生存能力,耐爆性能成为地雷的一项重要指标。耐爆地雷的基本原理是基于坦克载荷和爆炸载荷在载荷性质、加载速度、作用时间以及加载次数方面的不同,研发爆炸冲击波无法引爆的耐爆引信。

(2)改进雷壳。

利用工程塑料制作雷壳或者生产无壳地雷,可以减小地雷质量,普通金属壳地雷的装药量占全重的60%左右,塑料壳地雷一般为75%,而无壳地雷可高达95%。此外,启用非金属壳体还可以有效防止金属探雷器的探测。

(3)改进装药。

一是装填高能混合炸药,如北约的"B""H""C"系列炸药,混合炸药不但能提高装药的能量密度,增强威力,而且具有更好的物理稳定性、力学性能、机械加工性能和成型性能;二是改进装药结构,采用条形结构代替传统的圆饼形结构,可以使装药量减少至 1 ~ 2 kg之后,毁伤效果保持不变。

(4)研发生产全备地雷。

为保证安全,传统的防坦克地雷大都是半备雷,即地雷引信和雷体分开运输和保管,这给地雷的储供和使用带来了很多困难,尤其不适用于机械布雷。为满足快速机动的布雷要求,多国开发了全备地雷,其核心技术在于采用全保险引信,雷管与扩爆药之间的隔离机构可以保证即使雷管意外爆炸,也不会起爆地雷。

典型防坦克履带地雷举例,如下所述。

(1)美国 M15 型防坦克地雷。

M15 型防坦克地雷是美军研制的一款重型防坦克履带地雷,1953 年装备部队。它替代了之前的 M6A2 型防坦克地雷。虽然美军后来又研制了更为先进的 M19 型塑料壳体防坦克地雷,但因 M15 型防坦克地雷良好的可靠性和有效性,仍拥有大量 M15 型地雷的库存。

M15 型防坦克地雷呈圆饼状,如图 5.12 所示,其直径约为 33.3 cm,厚度为 12.4 cm,总质量约为 14.3 kg,主装药为 B 炸药(梯恩梯与黑索金的混合物),装药质量为 10.3 kg,起爆压力为 1 570 ~ 3 300 N,可以通过人工或机械的方式埋设。

该型地雷主要依靠爆炸冲击波破坏对手坦克的履带。其圆形钢制壳体上有一片压板,压板中心位置有一根解保杆,转动解保杆可以将地雷设置为"解除保险"或"安全"模

图 5.12 美国 M15 型防坦克履带地雷

式。压盘下有一个碟形弹簧,其下一般为 M603 型引信。如果压盘受到足够大的压力,力量通过碟形弹簧传导至引信,引信起爆后引爆主装药,对坦克、车辆和人员造成毁伤。此外,M15 型防坦克地雷还可以装配 M624 型触杆引信或 M608 型复次压发引信。如果配用 M608 型触杆引信,坦克第一次碾压地雷时不会将其引爆,只能解除保险,进入待发状态,只有在遭受第二次碾压时,地雷方可爆炸。该型引信可用于炸毁对手坦克的第二对负重轮或诱骗其深入雷场。

因为包括壳体在内的许多构件均为金属材质,M15 型防坦克地雷易于被金属探测器发现,但该型地雷在背面和侧面各有一个副引信室,可以布设防排装置。除此之外,还可以将其与无金属构件的防步兵地雷混合布设,增加对手排雷破障的难度。

(2)美国 M34 型防坦克地雷。

M34 型防坦克地雷雷壳由铝板冲压而成,呈半圆柱形,如图 5.13 所示。该型地雷长为 26.7 cm、直径为 10.5 cm,全重为 2.7 kg,装药量为 1.5 kg。

M34 型防坦克地雷可由 M56 型直升机布雷系统撒布,两枚地雷合装在一个长为 30.5 cm、直径为 12.7 mm 的雷筒内,布设时雷筒内自带的 XM198 型抛射药将地雷以 4.6 m/s 的速度抛出。雷体上的 4 片稳定翼板在扭簧作用下张开,同时解除对惯性保险的制动,着地时惯性保险机构解除第二道保险,将电池与电子线路接通,使电雷管与起爆药对正,经 1~2 min 延时后地雷进入战斗状态。地雷遭受履带或车轮碾压时产生发火信号,通过 1 块互补型金属氧化物半导体放大,起爆地雷。

该型地雷的引信在持续压力作用下才能作用,可以防止扫雷碾扫雷,并可装配自毁和防排装置,布设后难以清排。

(3)英国 L8A1 型防坦克地雷。

L8A1 型地雷是一种矩形截面的条状地雷,长为 120 cm、宽为 10.8 cm、高为 8.1 cm,全重为 10.66 kg,装药量为 8.7 kg。

该型地雷壳体由增强型工程塑料制成,可防止金属探雷器探测,配用二次压发引信,

图 5.13　美国 M34 型防坦克履带地雷

具有耐爆和防扫雷碾的作用。其形状规则,便于包装、储存、运输和供应,可使用专门机械布设。由于其横截面积小,布雷时雷沟可以挖得较小,能提高布设效率。

由于这种地雷采用了条形装药结构,长度可观,其单雷障碍宽度比普通的圆饼形地雷高出 1 倍,同等面积的雷场,只需传统地雷数量一半的 L8A1 型地雷即可满足战术要求,因此可以大大减少地雷的运输和布设数量。

2. 防坦克车底地雷

防坦克履带地雷出现几十年之后,法国在 1948 年首先将聚能装药结构用于防坦克地雷,并于 1951—1956 年研制了 5 种防坦克车底地雷。之后,此类地雷的更新换代很快,除借鉴防坦克履带地雷的部分发展特点之外,重点加大了对装药结构和引信系统的研发力度。

(1)改进装药结构。

最初的防坦克车底地雷的聚能装药与破甲弹战斗部类似,采用薄壁小锥角(不超过 90°)药型罩或者半球形药型罩,装药爆炸后可产生高温高速的金属射流,破甲能力强,但由于破甲孔径太小,实际毁伤效果一般。后来,外军尝试增加药型罩的锥角、厚度和直径,改用厚壁大锥角药型罩,其毁伤后效得以大大增强。地雷在坦克车底爆炸时形成的不再是金属射流,而是将药型罩翻转,形成高速穿甲弹丸,不但可以击穿底甲,还能在车内产生数百枚高速飞散的破片,杀伤乘员,破坏内部武器装备,还可能引起车内弹药爆炸或者油料爆燃,使坦克彻底瘫痪。如果在坦克履带下爆炸,不仅能炸断履带,还能损坏目标的负重轮。

采用厚壁大锥角药型罩的防坦克地雷通常都配有抛土装药。在主装药爆炸形成穿甲弹丸之前,抛土装药先将地雷的药型罩以上部分和伪装土层抛开,以免弹丸的高速飞行受其影响。抛土装药的结构形式有小型药块、环形装药、导爆索和星形装药等。

(2)改进引信。

防坦克车底地雷最初采用触杆式引信,但这种引信难以伪装,同时运输和使用也不方便,因此外军转而研发非触发引信。

非触发引信指在目标物理场而非直接接触作用下动作的引信,如利用坦克本身的磁场、运动时产生的震动、发动机的热量、行驶过程中的噪声,可以研发相应的磁引信、震动引信、红外引信和声引信等。但是,单一工作制的非触发引信容易受到周围环境的干扰,导致误发火或者无谓消耗电源能量。各国军队目前配备的多为复合工作制引信,即同时需要2种或2种以上的物理场作用才能作用,如震动-红外复合引信、震动-无线电引信等。此类引信解除保险后,并不会立即进入战斗状态,而是进入"待命"状态。以震动-红外引信为例,解除保险后,震动传感器开始工作,负责监控周围环境是否有目标出现,红外传感器处于关闭状态。当目标接近到一定程度时,震动传感器唤醒红外传感器,地雷方进入战斗状态。如果目标进入地雷设定好的范围,引信作用,起爆地雷。若目标远离地雷,红外传感器关闭,引信恢复"待命"状态。

典型防坦克车底地雷举例,如下所述。

(1)瑞典 FFV-028 型防坦克地雷。

瑞典 FFV-028 型防坦克地雷是一种20世纪70年代研制的防坦克车底履带两用地雷,如图5.14所示,其直径为25 cm、高为11 cm,主装药为黑索金-梯恩梯混合炸药,装药质量为3.5 kg,全重为7.5 kg。

该型地雷采用磁感应引信,其感应器为一个环形线圈,位于引信上方、雷盖之下。感应器负责监控地磁场,将感应到的扰动传输给逻辑电路,后者负责处理信号、鉴别和确认目标。当确认目标正在经过地雷上方时,电子线路向点火线路发出点火脉冲,引爆地雷。地雷爆炸时首先起爆抛土药,将药型罩以上的部分和伪装覆土抛开,经短延期后引爆主装药。该地雷爆炸威力巨大,可将地雷上方50 cm处、5 cm厚的钢板炸出直径约为10 cm的大洞。因此,地雷爆炸后可炸断坦克履带、毁伤其负重轮或击穿车底、杀伤乘员、损毁车内武器装备并引爆弹药。

瑞典 FFV-028 型防坦克地雷引信为全保险型,分两种型号:装配 FFV028RU 型引信时,地雷可撤收并重复使用,使用寿命为180天;FFV028SD 型引信上装配有自毁装置,地雷布设30天后自行炸毁。

瑞典 FFV-028 型防坦克地雷为全备雷,便于储存和运输,可由人工或者布雷车布设,战术运用性较好。由于采用了感应式非触发引信,该型地雷在坦克的整个宽度上均能发挥作用,因此单雷障碍宽度大,是普通圆饼形地雷的3~4倍。

(2)联邦德国 AT-2 型防坦克地雷。

联邦德国 AT-2 型防坦克地雷是一种可撒布防坦克车底地雷,其具有体积小、质量轻、威力大、障碍性和机动性强等特点,如图5.15所示。它采用圆柱形塑料雷壳,高为13 cm、直径为10 cm,全重为2.3 kg,战斗部装药为钝化黑索金,装药质量为0.8~1 kg。虽然装药量有限,但由于战斗部采用聚能装药结构,破甲威力可观,能够炸穿车底、杀伤乘员、破坏车内武器装备乃至使车辆起火。

第5章 地雷武器及其运用

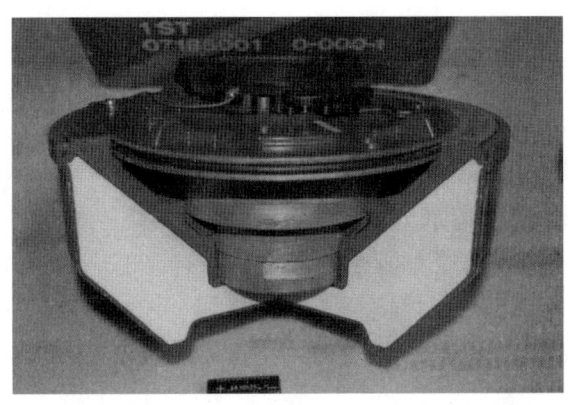

图5.14 瑞典 FFV-028 型防坦克车底地雷（剖面模型）

该型地雷使用噪声-磁感应复合工作制引信,抗干扰和可靠性都很好。它配有防排和自毁装置,自毁时间可在 4~96 h 内灵活调整。其雷体周围有12根弹性杆,撒布着地后释放,将雷体扶直,保证地雷的药型罩向上。

它可由多种手段进行撒布:直升机空投、火箭炮和身管火炮发射、车载布雷器布设。撒布范围大,可在几十米至数十千米的范围内设置障碍。

图5.15 联邦德国 AT-2 型防坦克车底地雷（模型）

(3) 某型防坦克地雷。

该型地雷为防坦克车底履带两用地雷,全重为 5.1 kg,装药为黑索金、梯恩梯混合炸药,主装药质量为 3.1 kg,随进剂为 0.95 kg。在车底爆炸时,能击穿坦克底盘装甲,杀伤乘员,破坏内部设备;在履带下爆炸时,能炸断坦克履带。

该型地雷磁感应-震动复合非触动引信具备延时和自毁功能。地雷布设好之后,引信电源被接通,电子延时电路开始工作,26 min 延时后进入战斗状态。当坦克从其上方通过时,磁传感器和震动传感器分别接收磁场变化和目标的震动信号,两种信号同时满足预

· 103 ·

定要求时,引信动作。首先起爆抛土装药,经传火药和延爆管起爆战斗部的自锻破片装药,药型罩在爆炸过程中形成高速弹丸,炸断坦克履带或击穿坦克底甲,随进剂与弹丸进入坦克内部后,可共同杀伤乘员、破坏内部设备。其自毁时间可装定为4档:10 天、20 天、40 天和60 天,未被起爆的地雷到达自毁时间后自行发火炸毁。

该型地雷对雷电、无线电波和弹片等具有一定的抗干扰能力,耐爆性也较好,当 8 kg/m 的梯恩梯直列装药在地面爆炸时,距装药 1.5～3 m 范围内的地雷失效率不高于 35%。

3. 反坦克侧甲地雷

防坦克侧甲地雷是利用穿甲、破甲或碎甲效应,专门攻击坦克侧甲的地雷,因为一般不埋设在地面以下,而是设置在路旁,因此又被称作路旁地雷。此类地雷通常用在难以埋设普通防坦克地雷的特定地域,如硬化道路、浅水区域和沼泽路段等。

第一代反坦克侧甲地雷由防坦克火箭改装而成,只是将其击发机构改为拉发引信或压发开闭器,战斗部装配的也都是惯性引信。第二代反坦克侧甲地雷则是专门研制的防坦克侧甲地雷。当前反坦克侧甲地雷在引信和传感器技术研究方面取得了长足的进步,能够采用红外、震动、声学、激光和毫米波等技术监控周围环境,当目标进入有效距离之后自动跟踪,并对攻击效果进行综合评估,适时发动攻击。

典型防坦克侧甲地雷举例,如下所述。

(1)美国 M24 型防坦克侧甲雷。

该型地雷由 M28A2 型火箭弹改装而成,采用分段式电缆开闭器和 M61 型发火装置,属于第一代防坦克侧甲地雷。雷弹直径为 8.9 cm,长约为 60 cm,重为 4.1 kg,装药量为 0.86 kg,整套器材全重 10.8 kg,如图 5.16 所示。

发射筒架设在路边 10～100 m 处,穿甲深度可达 28 cm。

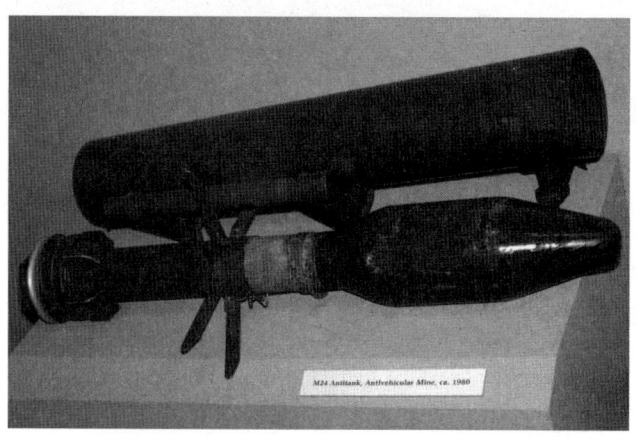

图 5.16 美国 M24 型防坦克侧甲地雷

(2)法国 F1 型防坦克侧甲地雷。

法国研制该型地雷的指导思想是选择性地攻击坦克,允许轮式车辆通过;能击中坦克的要害部位,并能击穿装甲;设置后可正常工作数月。F1 型地雷满足了上述要求,其雷体由钢板冲压而成,呈圆柱形,长为 23.2 cm、直径为 18.4 cm,装药为梯恩梯、黑索金混合炸药,装药量为 6.5 kg。它需要一个钢铁支架,以便保证发射高度(35 cm)和方便瞄准。

该型地雷曾采用过 3 种引信。一种是电缆开闭器;一种是有线控制引信;最新版本采用的是红外引信,坦克经过地雷控制区域时遮断红外线时即可触发。其战斗部采用大锥角厚壁药型罩聚能装药机构,药型罩为铜质,爆炸后形成高速弹丸,弹道低平,可保证击中坦克要害部位。该型地雷威力巨大,在 40 m 内可穿透 7.8 cm 厚的坦克装甲,穿孔直径达 10~15 cm,穿甲过程还可以产生大量破片,随弹丸一起杀伤乘员,对车内设备及弹药造成破坏。

(3) 俄罗斯 TM-83 型防坦克侧甲地雷。

TM-83 型防坦克地雷是俄罗斯研制的一款路旁反侧甲防坦克地雷,于 1993 年首次公开,如图 5.17 所示。该型地雷包括一个大型定向战斗部和红外-震动传感器,总质量约为 20.4 kg,直径为 25 cm,高度为 44 cm,主装药为 60% 黑索金和 40% 梯恩梯的混合物,装药质量约为 9.6 kg。

图 5.17　俄罗斯 TM-83 型防坦克侧甲地雷

TM-83 型防坦克侧甲地雷下方有可调整支架,能够固定于木桩、树干或建筑物上,布设于对手坦克通行道路 5 m 之外,使用内部集成的瞄准具初步对准坦克方向。震动传感器可以在 220~250 m 的距离上感知对手坦克或装甲车接近,并唤醒红外传感器。当坦克行进至最佳射程之内时,战斗部即可自动引爆,袭击其侧面装甲,据称在 50 m 距离上穿甲厚度可达 10~40 cm。该型地雷也可由操作手在 100 m 以外手动遥控引爆。布设后 30 天之内,它都可以正常工作。

4. 防坦克顶甲地雷

防坦克顶甲地雷用于击穿坦克顶甲,破坏内部设备,杀伤乘员,使其丧失战斗力或机动能力。防坦克顶甲雷不但可以对坦克实施全方位(底甲、侧甲、顶甲、履带)攻击,还能对对手的坦克、装甲车辆等主动实施进攻。

防坦克顶甲地雷分为 2 种类型。一种是设置后能自动探测、跟踪目标,当坦克进入其有效作用范围时,将带有制导系统的战斗部抛至空中,边下降,边扫描,一旦捕捉到目标,战斗部即可爆炸,形成的爆炸成形弹丸攻击坦克顶甲;另一种是防坦克弹雷,它们由火箭或火炮直接撒布到坦克集群的上方,在降落过程中战斗部扫描到坦克即爆炸,形成爆炸成形弹丸攻击坦克顶甲,其与子母弹工作原理相同。若在降落过程中未搜寻到坦克,则落地后便转换成防坦克车底地雷。

俄罗斯研制的"速度-30"防坦克顶甲地雷是一种路旁地雷,设置在坦克可能通过的道路一侧地面之上,或半掩埋于地下。其外部的声学-震动传感器负责监控周边环境,当目标进入有效射程之内时,弹射装置启动,将战斗部和火箭发动机抛射至 2.5~7.5 m 的高度。火箭发动机点火,以 200 m/s 的速度将战斗部携带至对手坦克上方,之后战斗部爆炸,形成弹丸攻击目标的顶部装甲。战斗部采用双波段红外引信起爆,还可选用激光传感器或者磁性引信,铜质药型罩直径为 24 cm,爆炸后形成的弹丸速度高达 2500 m/s,可侵彻 14 cm 厚的装甲。

美国在 M109 系列 155 mm 自行榴弹炮(图 5.18)上配备了一种远程反装甲弹药(remote anti-armor munition,RAAM)布雷弹,每发弹装 6 个"弹雷"合一的子弹。子弹带有红外敏感器,对坦克顶甲的毁伤概率较高,如未发现目标,落地后即转换成地雷,继续起到迟滞和毁伤坦克的作用。

图 5.18　美国 M109 系列 155 mm 自行榴弹炮

5.6 地雷的特点及应用

5.6.1 地雷的特点

作为一种爆炸性障碍物,地雷具备以下特点。

(1) 爆炸威力较强,能够有效杀伤对手有生力量,破坏其坦克、装甲车辆、直升机等武器装备。

(2) 易于伪装,可埋设在地面或物体之下,对手难以发现,可以造成出其不意的杀伤效果,为对手带来巨大的心理影响。

(3) 体积小、质量轻,易于运输和布设,方便机动使用。配合布雷车、火炮、火箭、飞机和导弹等布雷工具,可撒布地雷能够迅速形成大面积障碍。

(4) 造价低廉,生产工艺相对简单,原材料易于获取,可在短期内大量生产制造。

(5) 性能稳定,不易失效,可长时间发挥作用。耐爆地雷和防排地雷等尤其难以被对手工兵部队清除干净。

(6) 根据不同的装药/装填物和引信,可以在多种条件下作用,实现人员杀伤、损毁车辆、发出预警信号、照明和纵火等不同功能。

(7) 现代地雷多配有自毁或操纵装置,己方或友方的通行和运动不受地雷影响。

(8) 战后难以清理,存留时间较长,如无自毁装置,则可能在战后给平民带来较大威胁。

5.6.2 地雷的作用

世界各国军队均将地雷视为一种重要的防御手段。

美军认为地雷是一种最好的人工障碍,因为它携带方便,设置简单,又能给对手构成危险。筑城障碍只能阻滞对手机动,而地雷可迟滞和诱逼对手的运动,可使对手惧怕遭受突然的、意料不到的伤亡,从而削弱其战斗意志。美军指出,地雷不但可以单独充当摧毁坦克的武器,更重要的是,雷场和防坦克武器互相配合,能大大提高双方的作战效能。当地雷与人和其他武器相结合,它就成为一种威力强大的武器,能迟滞对手运动,阻止其前进或后退,将对手赶出其想要利用的地区,迫使其进入对我方有利的地域,处在我方火力直接攻击之下。美国陆军1976年在奥德堡进行的试验结果表明,单个雷场同直射兵器小组相结合,能将坦克突击分队的毁伤率最高提升到73%(视布雷密度和能见度而定),这一比例远远超过无雷场时的防御效果。

苏军将地雷爆炸性障碍物(主要是防坦克雷场)视为工程障碍物配系的基础。其工程兵中将文斯基在总结第二次世界大战中对工程障碍物的运用时指出,地雷"能最好地保障己方部队的机动,阻止对手推进,并给对手造成损失"。苏军认为在现代战争中,地雷仍是有效的防坦克武器,因为"未来战争将是高度机动作战。不管进攻还是防御,都不是在绵亘的正面上,而是在一定的方向上进行,战场面积将大为增加。因此,地雷的使用规模越来越大,地雷的作用比过去更加提高。特别是由于对方装备的坦克越来越多,而防坦克地雷的作用将更加重要"。

英军认为,在人工障碍物中,雷场是最灵活的一种,设置起来也最为迅速。布设雷场"能迟滞对手的前进行动,使对手离开预定的路线而转向对我防御有利的地点;造成对手伤亡,从而达到扰乱对手、破坏其队形、影响其士气的目的"。

通常地雷定义为"布设在地面或地面下,用于构成爆炸性障碍物的武器",可见其主要作用是形成障碍物,通过自身的爆炸能力,杀伤人员,毁伤装备,阻碍、迟滞或影响对手的行动。具体而言,地雷可以用于:破坏对手的技术兵器;杀伤对手有生力量;阻滞对手的机动速度;扰乱对手的作战计划及其战斗队形;诱逼对手改变行动路线;对对手形成精神威胁。

在大规模战争期间,地雷主要发挥 2 种作用。一是制造防御性战术障碍、迫使进攻方的兵力集中至预定杀伤区域或者迟滞对手的前进速度;二是充当被动型区域拒止武器,即在主动防御失败或者无法实现的情况下,地雷可以阻止对手利用某些有价值的地区、资源或设施。

在运用地雷爆炸性障碍物的过程中,主要遵循以下基本原则。

(1)依照既定作战意图,在摸清对手行动规律的基础上,充分发挥地雷迟滞障碍和杀伤破坏的双重作用,直接同对手坦克、直升机和登陆工具作战,做到因地制宜、隐蔽、灵活和造成出其不意的效果。

(2)地雷障碍物要与火力密切结合,以提高其生存能力,增大火力杀伤效果。

(3)地雷障碍物要与其他障碍物相结合。应充分利用地形,依托天然屏障,与筑城障碍物紧密配合,构成以地雷障碍物为骨干的障碍物体系。

(4)预先布设与机动布设相结合,尤其注重机动布雷。

(5)集中使用,保障重点。要将主要兵力、器材和装备集中到受对手坦克威胁最大的方向上,布雷顺序通常是先主要方向后次要方向;先前沿后纵深;先防坦克后防步兵。

(6)布设的地雷应具有较强的生存能力。巧妙伪装,使对手难以发现;使用耐爆地雷和具备反排性能的地雷,使对手难以排除;保持适当的雷距,防止殉爆。

(7)布设地雷障碍物应不妨碍我方机动。有条件的,应使用带有定时自毁或自失效结构的地雷。布雷地点必须选择或设置明显的方位物,编制完备的文件,组织严密警戒,严格控制移交手续。

可撒布地雷的出现进一步丰富了地雷的应用场景。由于其布设速度快、机动性强、大多具有自毁功能等特点,此类地雷不但可以用于防御,而且能有效地用于进攻。美军提出了可撒布地雷在进攻作战中的8种具体应用场景。一是保护前方和侧翼警戒;二是在渡河行动中保护桥头屯兵场;三是在友军占领目标后阻止对手的反击;四是破坏对手可能反击的道路;五是破坏对手支援武器的阵地;六是在穿插和撤出时保护机降地域;七是在对手后方布雷,造成其后撤和增援的困难;八是诱逼对手。

在游击战等非对称战争中,地雷的使用方式与常规战争完全不同,更具创造性。例如,在纳米比亚独立战争期间,纳米比亚的民兵组织曾经在伏击南非车队时,先将防坦克地雷掷向车队,使其陷入混乱之后再发动攻击。近期的叙利亚战争、也门内战期间,也出现过将地雷用作进攻武器的例子。整体而言,地雷在非对称战争中的使用主要有以下几个特点:

(1)地雷不一定被用作防御性武器,有时可以用于进攻行动;
(2)一般不会对布雷区域设置标志;
(3)地雷经常以单个而不是地雷群的形式布设;
(4)布设地雷之后,人员就会迅速撤离,雷区无人看管。

5.7 雷场布置

在常规战争中,地雷一般都会被人工或利用机械设备布置成雷场。各国军队都对雷场的布置有严格的要求,下面以苏军和美军为例进行简要介绍。

5.7.1 苏军雷场设置

苏军共有防坦克雷场、防步兵雷场、混合雷场和假雷场4种雷场。防坦克雷场主要布设在受对手坦克威胁方向上的防御前沿、两翼和间隙地带。防步兵雷场通常布设在更为靠前的位置,用于掩护防坦克雷场,防止对手工兵排雷,或者设置在防御地域之间的间隙地带,防止对手小股步兵通过。

1. 雷场结构

每个雷场由多个雷列组成。防坦克雷场一般为4~6列,列距为10~30 m,每列中地雷间距为4~6 m,雷场纵深为40~100 m,各雷列可互相平行,也可不平行,如图5.19和图5.20所示。防步兵雷场分为压发雷场和绊发雷场,压发雷场通常包括2~4列,列距为2~4 m,各雷列中地雷间距为1~2 m;绊发雷场通常也是2~4列,列距与每列地雷间距均为1~2个密集杀伤半径,如图5.21所示。

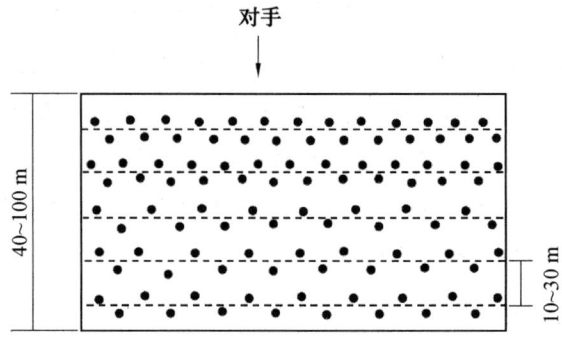

图 5.19　苏军防坦克地雷场(平行雷列)

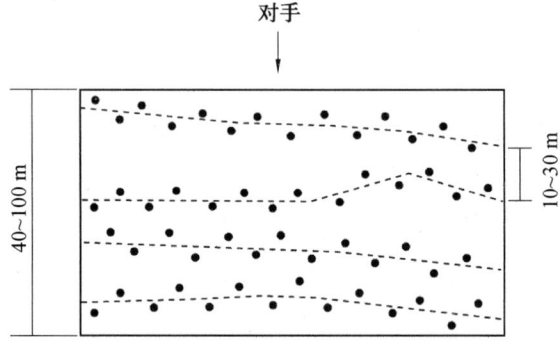

图 5.20　苏军防坦克地雷场(非平行雷列)

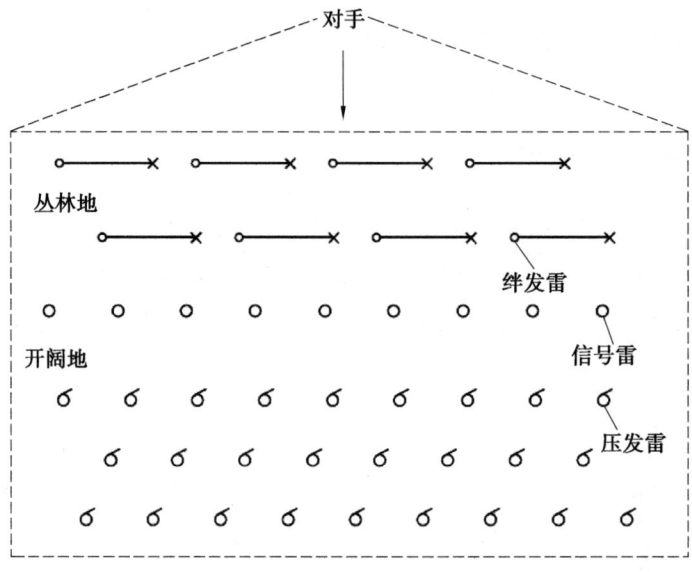

图 5.21　苏军防步兵地雷场

2. 布雷密度

对于预先设置的防坦克雷场,应在每千米的正面设置 1 000 枚防履带地雷,400 枚防车底地雷和 100 枚防侧甲地雷。战斗中临时布设的雷场则要求每千米正面设置 550~600 枚地雷。防步兵雷场要求压发地雷每千米正面设置 2 000 枚,绊发地雷每千米正面设置 200~400 枚。

3. 其他要求

为使雷场难以被发现和排除,雷场的布置方式需避免千篇一律。雷列不能在长距离上呈直线配置,列距与每列的地雷间距不要在长距离上一成不变。苏军还强调防坦克地雷与防步兵地雷混合设置,以及设置假雷场迷惑对手。每个雷场中要求设置 5%~10% 的诡雷。

此外,苏军尤其重视机动布雷能力,每个集团军、师和团都设置了快速障碍设置队,配有拖式布雷车和装甲布雷车。集团军的快速障碍设置队可在 30~40 min 内完成正面 2 000 m 防坦克雷场(不少于 2 000 枚地雷)的布设。为保证布雷任务的完成,苏军规定,在前进支队撤退时、进攻战斗中或遭遇战中,可使用直升机布雷。受领任务后,一个由 5 架直升机组成的飞行布雷分队可在 35~40 min 时间内,在距起飞地点 20~40 km 的地域内布设正面为 700 m 的标准防坦克地雷场。

5.7.2 美军雷场设置

美军雷场分为标准和非标准 2 种形式。

1. 标准雷场

美军标准雷场为带式雷场,一般由 3 个以上互不平行的定式雷带和 1 个不定式雷带组成,如图 5.22 所示。每个定式雷带内有 2 列地雷,如图 5.23 所示。每个雷群的地雷,设置在半径为两步的半圆范围内,半圆的圆心距雷带中心线 3 步,每列雷带中地雷间隔为 6 步,雷带间距不低于 18 步,如图 5.24 所示。

不定式雷带根据地形设置,其地雷群的数量为定式雷带的 1/3 左右。雷场纵深一般为 40~50 m,重要阵地上的混合雷场,纵深不少于 100 码(约 91.4 m)。雷带的起点、终点和转折点均以木桩或金属桩作为标志。

以上设置要求适用于防坦克雷场、防步兵雷场和混合雷场。布雷密度要求有如下几点。

(1)防坦克雷场。

每码(0.914 m)正面至少 1 枚(通常为 1~3 枚),即每千米正面不低于 1 100 枚防坦克地雷。

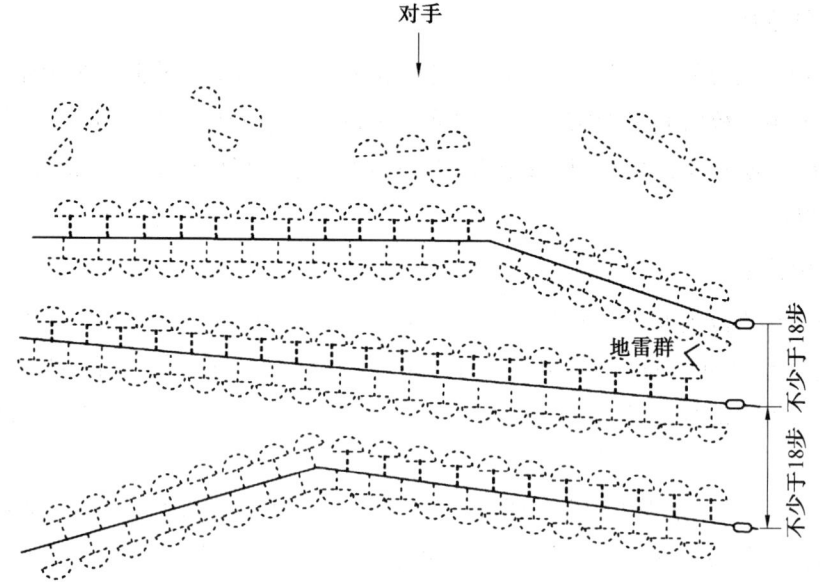

图 5.22 美军标准样式的雷场

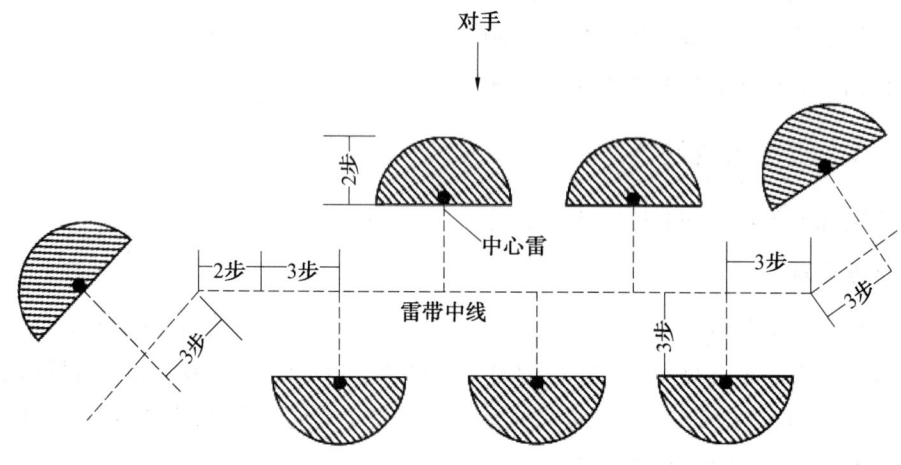

图 5.23 美军地雷群在雷带内的布置

(2) 防步兵雷场。

每码正面至少 8 枚压发地雷和 4 枚绊发地雷。

(3) 混合雷场。

按上述两种雷场的各自密度要求布设。

2. 非标准雷场

非标准雷场一般为仓促布置的地雷场,用于掩护重要目标或某些防坦克雷场,多为防步兵雷场,通常按三角法或直线法布设。

三角法用于布设绊发地雷,每个雷群包括 3 枚绊发雷,呈三角形排列。第 1 枚绊发雷

第5章 地雷武器及其运用

每个地雷内设置1个 防坦克地雷	•	防坦克地雷场
每个地雷群内设置1个防坦克 地雷和1~4个防步兵地雷	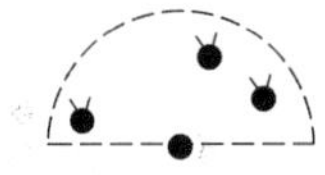 ⌒	混合地雷场
每个地雷群内设置1个 防坦克地雷	•	个别情况下的 防步兵雷场
每个地雷群内设置2~5个 防步兵地雷	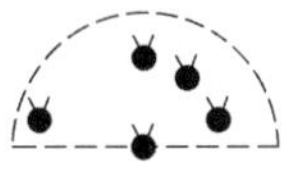 ⌒	防步兵地雷场

图 5.24　美军不同形式的地雷群

设置在基线前至少 1.8 m 处,张设 2 根 7~9 m 长的绊线。在 2 根绊线的延长线上,各设 1 个张设有 2~3 根绊线的地雷,绊线前通常设置 2~4 枚压发地雷,如图 5.25 所示。每个雷群可掩护 27~33 m 的正面距离。整个雷场由若干个毗连布设的雷群组成,如图 5.26 所示。前后可重复设置多个雷场,以加大雷场纵深,保证布雷密度。

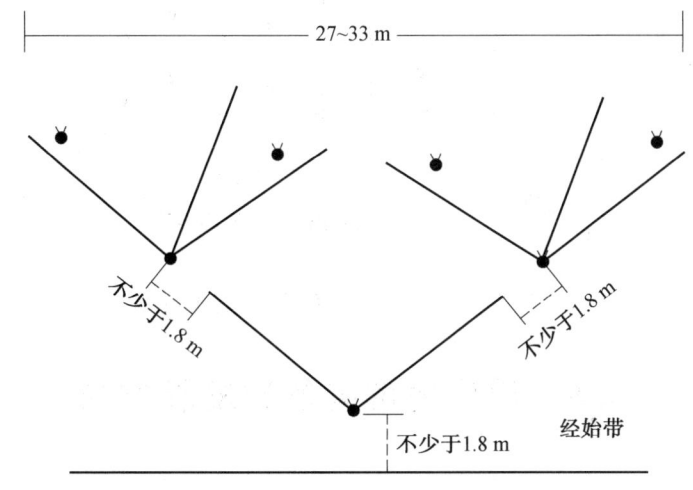

图 5.25　美军按三角法布设的地雷群

直线法用于布设压发地雷。地雷设置成行,行距为 1.8 m,每行设置 1~4 枚地雷,通常为 2 枚,最后一枚地雷距基线不小于 1.8 m,不大于 9.1 m。每隔 4~5 行,布设 1 枚绊发地雷,为压发地雷提供掩护。设置雷场时,应根据阵地和地形情况划分若干布雷地段,各地段互相毗连,纵深一般为 10～15 m,如图 5.27 所示。

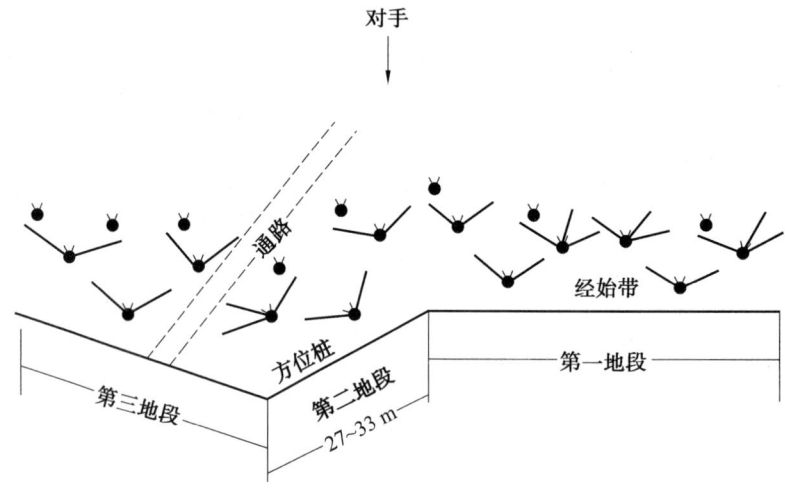

图 5.26 美军按三角法布设的非标准地雷场

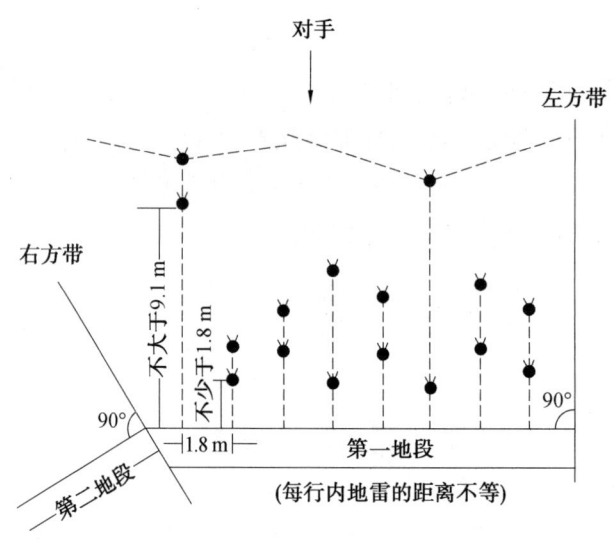

图 5.27 美军按直线法布设的非标准雷场

5.8 现代地雷装备的发展方向

5.8.1 传统地雷面临的挑战

作为一种体积小、质量轻、成本低、使用灵活方便、杀伤破坏力强的武器,地雷在过去的战争中发挥了重要的作用。但是,随着技术的发展、作战理念和作战样式的更新换代,传统地雷正面临着巨大的挑战。

1. 现代战争作战样式的转变

现代战争的作战样式已经逐渐从大规模战争向局部战争转变,以非线性战场、高度信息化为突出特点,因此传统地雷作战效能低下、只能沿对手预定行进路线被动防御、单雷防御面积小、无法分辨敌我等问题越来越突出,已经无法适应现代战争的需求。

2. 防雷与扫雷技术的快速发展

面对地雷威胁,世界各国都已经大量装备了探雷、排雷器材,从机械式的探雷针、电子探雷器、车载探雷系统到机载远距离雷场侦测系统,从工兵铲、直列装药、扫雷火箭弹到综合扫雷车,工兵部队在雷场中开辟通道的能力大为提高,严重削弱了地雷作为一种爆炸性障碍物的作用。

此外,世界主要军事大国和地区强国积极研究地雷防护技术,各种技术装备大都具有强大的地雷防护能力。据初步统计,外军现有约 80 种具有防雷能力的车辆,包括主战坦克、步兵战车、装甲运兵车等战斗车辆和保障支援车、后勤车辆等。德国"豹式"2A6M 型主战坦克(图 5.28)的车底可以承受 10 kg 梯恩梯当量地雷的杀伤,南非的"水牛"防雷车的任何一个车轮,都可以防护 20.25 kg 梯恩梯当量地雷的攻击。

图 5.28　德国"豹式"2A6M 型主战坦克

3. 人道主义方面的要求

传统地雷没有自毁装置,战后留存的地雷难以清理,几十年后仍有爆炸可能,伤及平民。《渥太华公约》因此呼吁"每一缔约国在任何情况下,决不使用杀伤人员地雷"。1980 年《特定常规武器公约》的《二号议定书》《修正的二号议定书》和《五号议定书》等也都对使用地雷、地雷的诱杀装置等进行了限制。

5.8.2　现代地雷的发展趋势

近年来,世界各军事强国都把地雷装备作为工程兵主战装备的重点,加大新型地雷的研发力度。随着传感器技术、信息处理技术、计算机技术、通信技术和爆炸成型弹丸技术等在地雷上的应用,现代智能地雷的发展已经突破了传统地雷的概念,不再是静态的固定障碍,已经能够自动侦测、识别敌我、跟踪和主动攻击目标,甚至能够互相协同作战。

除安装自毁自失能装置、发展效能可控弹药,满足相关国际条约和人道主义要求之外,地雷的发展还呈现下列趋势。

1. 强大的信息交互能力

美国、法国、俄罗斯等国研发的智能地雷(图 5.29),都装有多个传感器、信息处理单元和通信设备,具有高度的自主作战和敌我分辨能力,可以自动识别并跟踪目标,在最佳距离和角度上发动攻击。它们还能充当前沿哨兵,发挥预警作用,将对手信息以及雷场的毁伤效果传送到指挥部,作为指挥官的决策依据。

此外,网络化智能地雷可以组成智能地雷场,共享信息、互相协同,共同对付入侵目标。当出现多个目标或多枚地雷均侦测到同一目标时,地雷场通过计算,制定并执行最佳攻击方案。

图 5.29 美国"蜘蛛"网络化智能地雷

2. 一定程度的机动性

当侦测到目标进入有效打击范围之后,普通智能地雷已经能够做到自动调整战斗部的角度,直接发动攻击,或者利用火箭发动机、抛射/弹射装置等靠近目标,通过红外、毫米波或激光寻的装置瞄准后以爆炸成型弹丸攻击对手。

从 1998 年起,美军就投入大量的人力物力,研发一种名为"自愈雷场"的动态障碍系统。每个"自愈雷场"由约 1 000 枚智能地雷构成,所有地雷相互连接形成一个网络。当雷场中的任何一枚地雷由于攻击对手目标或者被对手排除而消失时,网络经过计算,会安排邻近的地雷借助推进装置、跳动装置填补空缺,重新形成完整的障碍体系,对手开辟的通路因此会被重新堵塞。每枚地雷携带的燃料足够完成 100 次左右的跳动,每次跳动距离约为 4 m。

3. 更大的防御范围

智能地雷的传感器探测距离较远,美国"大黄蜂"广域地雷配备的声学-震动传感器,预警距离高达 600 m,法国"玛扎克"声控增程智能防坦克地雷的声波探测器能够探测到

200 m 距离上驶过的坦克。火箭发动机、反顶甲战斗部和爆炸成型弹丸等技术,使得智能地雷的打击范围也比依靠爆轰波、聚能装药和破片的传统地雷大得多。

法国"玛扎克"防坦克地雷的单枚地雷防御阵面宽度可达 200 m,美国"大黄蜂"广域地雷和俄罗斯"速度-30"型防坦克顶甲地雷均为 100 m,相当于数十乃至上百枚传统型全宽度地雷的障碍效能。

除扩大防御阵面宽度外,智能地雷还能发动立体攻击。俄罗斯研制的"旋律"反直升机地雷能摧毁飞行高度在 150 m 以内的直升机,保加利亚的 AHM-200 型反直升机地雷的毁伤高度则高达 200 m,其毁伤效果如图 5.30 所示。

图 5.30 被地雷击毁的直升机

第6章 布雷、探雷和扫雷器材

6.1 布雷器材

地雷是限制对手机动性的重要武器手段,但需要恰当的布设才能形成真正的障碍。由于现代化军队战场机动性的不断提高,人工布雷方式由于效率低下、费时费力,已经无法满足当前的作战需求。因此,各国都研发出了能够实现快速机动布设地雷的器材,有的军队还专门设立了快速障碍设置队,使得布雷效率大大提高。

快速布雷器材可以分为机械布雷器材、飞机布雷器材和火箭火炮布雷器材3个大类。

6.1.1 机械布雷器材

按布雷方式,机械布雷器材包括埋设/放置式布雷车和抛撒式机械布雷车2类。

埋设/放置式布雷车能够将按照要求有规律地布设雷场,并能进行覆土埋设和伪装,布设速度一般是人工的几倍至几十倍。此类布雷车可以进一步细分为2种类型,第1种是拖式布雷车,通常只包括布雷槽、犁土和埋设装置,需要其他战斗车辆牵引方能执行布雷任务。其结构简单,成本较低,但作业效率不高。第2种是自动布雷车,具备一定的防护能力,无须其他车辆或工兵辅助就可以独立完成自动布雷过程,布雷效率较高,可在战场、辐射污染区域等复杂环境中快速设置雷场。但由于结构复杂、专业性强、作业成本高等原因,自动布雷车经常被抛撒式布雷车取代。

抛撒式机械布雷车(图6.1)用于布设可撒布地雷,其作业原理是采用机械的方式将地雷抛撒至预定地域,作业方便,布雷速度快,但无法设置规则的制式雷场。此类装备通常用于交战过程中的布雷作业。

典型机械布雷器材,如下所述。

1. 瑞典 FFV 拖式布雷车

瑞典 FFV 拖式布雷车专门用于布设瑞典 FFV-028 型防坦克地雷。FFV-028 型防坦克地雷于1976年研制,1982年装备瑞典陆军。其是一种单轴拖车,包括布雷槽、传送输出机构、犁刀和覆土装置等,作业时使用瑞典沃尔沃公司生产的 BM860TC(6×6)型卡车牵引。

该车重1.7 t、长4.3 m、宽2.4 m,可装载1 000枚 FFV-028 型防坦克地雷。其越野性能良好,可在坚硬地面作业,作业行驶速度为 7 km/h,每分钟可布设 20 枚地雷,地雷埋设深度为 25 cm,雷距为 3.5~13 m,期间需 2~4 名操作人员配合作业。

2. 美国 M128 型拖式自动布雷车

美国 M128 型拖式自动布雷车是一种近距离抛撒式布雷车,于 20 世纪 80 年代初装备美国陆军部队。该布雷车可布设 M74 型防步兵地雷和 M75 型防坦克地雷,主要用于快速构筑师级障碍计划的大面积雷场,掩护进攻部队侧翼,封闭通路、间隙地带或加强预设雷场。

该车以 M749 型双轴平板拖车为基础车,车上装有一套 GEMSS 布雷系统,包括驱动装置、雷仓和抛雷机构三大部分。该车动力来源是一台 40 马力柴油机。该车遂行任务时,可由 5 m 卡车、M113 型装甲运输车、M9 型装甲工程车或 M548 型运兵车牵引,布雷系统载雷量为 800 枚,防坦克地雷和防步兵地雷按 5∶1 的比例混装,最大抛射距离约为 30 m,抛雷速度为左右两侧每秒各 2 枚地雷,能在 15 min 内将所有地雷布设完毕,构成一个正面 1 000 m、纵深 60 m 的雷带。

图 6.1 美国的撒布式布雷车

6.1.2 飞机布雷器材

早在 20 世纪 50 年代初的两场局部战争期间,美军就曾用飞机空投过蝴蝶雷、蝙蝠雷和布袋雷等。直升机和固定翼战斗机都可以用来布设地雷。

直升机最初使用滑槽布雷,在机舱安装一个布雷滑槽,飞机在 3~10 m 的高度沿布雷区域飞行,地雷沿滑槽滑落地面。此种布雷方法简单,效率高于机械布雷,但直升机易受对手炮火打击,无法在战场环境下作业,因此使用受限。

直升机和战斗机均可使用布雷器撒布地雷,可以选择将布雷器安装在飞机上,由其将地雷抛出,或者投掷布雷器,再由布雷器布雷。这种作业方法的优势是飞机飞行高度较高(100~1 000 m),可以不受战场环境的限制,能在交战过程中快速布雷。其缺点是对地雷种类和布雷区域地面硬度有一定要求,雷场布设不规则。图 6.2 为搭载撒布式布雷系统的"黑鹰"直升机。

使用飞机布雷速度快,机动性好,不受地形和战场环境的限制。据外军测算,一个直升机布雷营出动16架直升机,可在1~1.5 h之内,在70~75 km范围内任意地域布设一个摧毁效率为50%、正面24 km、纵深100 m的雷场。

图6.2 搭载撒布式布雷系统的"黑鹰"直升机

典型飞机布雷器材,如下所述。

1. 意大利"凡尔赛"直升机布雷系统

该系统利用吊挂在AB205式直升机(图6.3)上的VS/MD(凡尔赛)布雷器撒布地雷,作业高度为100~150 m,飞行速度约为100 km/h。

凡尔赛布雷器长170 cm、宽160 cm、高170 cm,可装载40个标准地雷弹仓,每个弹仓可容纳5枚VS1.6型防坦克地雷或52枚VS50型防步兵地雷,满载时全重为1 200 kg。撒布地雷的电子控制板装在直升机的操纵台上,操纵人员控制撒布速度,与直升机飞行速度互相配合,调节布雷密度。

图6.3 意大利AB205式直升机

2. 美国盖托布雷系统

美国盖托布雷系统由美国军火生产商霍尼韦尔公司研制,可以搭载在高速飞行的海、空军战术/战略飞机上,快速布撒 BLU-91/B 型防坦克地雷和 BLU-92/B 型防步兵地雷,如图 6.4 所示,用于对对手纵深的集结部队或行进中的第 2 梯队进行迟滞和打击。

(a) BLU-91/B 型防坦克地雷　　　　　(b) BLU-92/B 型防步兵地雷

图 6.4　BLU-91/B 型防坦克地雷和 BLU-92/B 型防步兵地雷

该系统可搭载多种地雷撒布器,如空军的 CBU-89/B 型撒布器(内装 72 枚 BLU-91/B 型地雷和 22 枚 BLU-92/B 型地雷)、海军用 SUU-66/B 型投弹箱改制的地雷撒布器(内装 45 枚 BLU-91/B 型地雷和 15 枚 BLU-92/B 型地雷)等。其动作原理为搭载了盖托布雷系统的飞机飞抵预定地域后,在航速为 1 300~1 480 km/h、飞行高度为 60 m 的情况下,飞行员引爆撒布器的线装装药,切开其外壳,利用空气动力布撒地雷。以 F16 型战斗机为例,每架飞机可携带约 600 枚地雷,足以布设 1 个 200 m×300 m 的混合雷场。

6.1.3　火箭火炮布雷器材

20 世纪 70 年代初,德国率先成功研发了火箭火炮布雷系统,用于布设 AT-1 型、AT-2 型等可撒布地雷,之后各国都相继发展了自己的火箭火炮布雷装备。其工作原理为利用部队已有的制式火箭炮或火炮,将特制的布雷弹发射至预定布雷地域上方,通过分离机构将地雷抛撒至地面,构成一定面积的地雷障碍物。

从战术运用的角度,火箭火炮布雷器材可以分为远程火箭火炮布雷器材、中程火箭火炮布雷器材和近程火箭火炮布雷器材 3 类。远程火箭火炮布雷器材用于防御前沿 20~40 km 范围内的布雷作业,主要战术作用是区域防坦克,如阻滞、迟滞对手纵深地域集结或开进中的坦克,杀伤有生力量,打乱对手作战部署;中程火箭火炮布雷器材用于在己方阵地前 8~12 km 范围内布雷,战术任务是部队防坦克,拦阻对手开进的坦克,阻止其正常展开,并与筑城障碍物和其他武器共同构筑反坦克防线;近程火箭火炮布雷器材一般是工兵部队的专用器材,主要用于紧急布雷,为冲击至阵地前方 3 km 以内的对手坦克集群设置障碍,限制其运动范围,配合反坦克火力将之歼灭。

此类布雷器材优点突出、反应速度快、布雷效率高、不受战场环境制约、成本相对较低,因此发展迅速,备受各国军队青睐。

典型火箭火炮布雷器材,如下所述。

1. 美国 227 mm 火箭布雷系统

这套远程12管火箭炮布雷系统(图6.5)由美国、英国、法国、德国和意大利联合研制,用于远距离快速布设 AT-2 型防坦克地雷,射程为 30 km。

这套系统包括 M270 式中型多管火箭炮、布雷弹和 AT-2 型防坦克地雷3个部分,运载工具为 M993 型装甲车。每发布雷弹全长 3.94 m,重约 270 kg,内置 28 枚防坦克地雷。布雷弹平时储存在密封的发射管内,每个发射储藏器包括12根发射管,一次发射可以布设 336 枚 AT-2 型防坦克地雷,覆盖长为 1 000 m、纵深为 400 m 的地域。

其布设过程的动作原理为火箭布雷弹通过火箭炮发射,飞抵预定地域上空时,火箭弹引信动作,战斗部抛出7个抛雷筒,每个抛雷筒随后抛射出4枚 AT-2 型防坦克地雷。地雷依靠雷伞减速,降落至地面,束缚在雷体周围的支腿系统将雷体扶正,确保聚能装药方向向上。经短暂延期后,地雷进入战斗状态。

图 6.5 美国 227 mm 火箭布雷系统

2. 美国 RAAM 布雷系统

RAAM 布雷系统是霍尼韦尔公司研发的一种远程反装甲布雷系统,使用 M109 型或 M109A 型 155 mm 自行榴弹炮发射,射程为 17 km。

该系统一般用于发射2种布雷炮弹:M718 型布雷弹装有9枚 M70 型防坦克地雷;M741 型布雷弹有9枚 M73 型防坦克地雷。这2种布雷炮弹直径为 155 mm,全长为 781 mm,全重为 49.7 kg,配用 M557 型机械引信。1个拥有6门榴弹炮的炮兵连,2次齐射即可构筑1个长为 300 m、纵深为 250 m 的雷场。美国 M718 型 RAAM 布雷弹布设-作用示意图,如图 6.6 所示。

如有必要,该系统还可以发射装有防步兵地雷的 M692 型或 M731 型布雷炮弹,与防坦克地雷按照一定比例构成混合雷场。其改进型还可以使用 XM898 型布雷弹,发射装有红外寻的系统的反坦克雷弹。这些雷弹在降落过程中可以自动寻找目标,伺机攻击其顶部装甲,如无合适目标,则落地后成为反坦克车底地雷。

图 6.6　美国 M718 型 RAAM 布雷弹布设-作用示意图

6.2　地雷探测技术及器材

现代地雷、布雷装备及其作战运用的高速发展,对地雷探测、雷场开辟通路等能力提出了更高的要求。有军事专家指出:"机动对于成功的进攻是必不可少的,但是单凭机械化保证不了机动,机动还取决于突破障碍物的能力。"而快速有效地探测到雷场和零星地雷,则是清除爆炸性障碍物、保障部队机动能力的重要前提。

对应不同的作业环境和作业要求,现代地雷探测技术主要包括机械式探雷技术、电子探雷技术、化学探雷技术和生物探雷技术 4 类。

6.2.1　机械式探雷技术

机械式探雷技术指利用探针、工兵钻等器材,人工操作探查埋设的地雷,可用于单独完成探雷任务或与其他地雷探测技术互为补充。

机械式探雷器材包括探雷针、深插式探针和探雷工兵钻等。探雷针应用最广,世界各国均有装备,深插式探针和探雷工兵钻由苏联研制,主要是为了应对德军深埋的延期地雷,可探测到地面以下 10 m 内的地雷。

此类器材的使用主要受地面硬度限制,土壤硬度太高或冻结时不易开展作业。

1. 探雷针

探雷针是一种针状探雷器材,以插入覆盖物中接触雷体侧面的方式发现埋深较浅的地雷。制式探雷针分为组合式和伸缩式。组合式探雷针由探杆、探针头和固定螺组成,多根探杆相互连接,其整体长度可根据需要进行调整,如图6.7所示。伸缩式探雷针一般有1个套筒,使用时将探雷针拉出合适的长度即可。用探雷针探雷,根据情况可以立姿或卧姿使用。立姿作业时,搜索正面为2~2.5 m;卧姿作业时,探索正面为1.5~2 m。作业时,探雷针与地面呈20°~45°。利用探雷针可以发现埋设在土壤中不超过25 cm深的地雷。

探雷针的原型出现在第一次世界大战期间,是士兵身陷雷区时用于探路的刺刀或步枪通条。在其被证明为一种有效的探雷器材后,诞生了专门的探雷针。初期的探雷针大多为金属材质,但为了避免引发装有磁感应引信的地雷,20世纪80年代出现了非金属材料的探雷针。虽然其作业方式原始,作业效率不高,但因为具有高度可靠性,到目前为止仍是一种普遍使用的探雷手段,经常与电子探雷器配合使用。苏联曾做过统计,熟练工兵使用探雷针搜索地雷的效率约为每人每小时200~250 m^2。

图6.7 某型组合式探雷针

2. 深插式探针和探雷工兵钻

深插式探针和探雷工兵钻用于搜索埋设较深的延期地雷,其中深插式探针的最大探测深度为3.5 m,探雷工兵钻则最高可达10 m。

苏军工兵部队曾配备有弗拉基米洛夫式深插式探针,包括探针头、探杆、带手柄的旋转把手和传声器组成。探测地雷时,利用压力将探针插入地面,利用增加连杆的方式增加探测深度。当探针碰到坚硬的物体之后,依靠传声器测听,判断是否存在钟表引信延期地雷。

探雷工兵钻尺寸略大,工作原理与之类似,需二人配合操作。

6.2.2 电子探雷技术

电子探雷技术是利用电子装置通过物理场的参数变化发现地雷。电子探雷器材可以通过非接触的方式探知地雷的存在和具体位置,是目前应用最为广泛、作业效率高和可靠性最高的地雷探测器材。

根据探测对象的不同,电子探雷器材可以分为金属探雷器和非金属探雷器两大类。

1. 金属探雷器

金属探雷器以探测地雷的金属壳体、引信或其他金属构件为目的,是各国最早使用的电子探雷技术。

目前的金属探测器种类繁多,但其原型多为波兰军官约瑟夫·考萨基在1939年发明的经典手持式地雷探测器。该类地雷探测器包括探头、信号处理单元和报警装置3个主要部分。该类探雷器材利用低频电磁感应探雷技术,依靠电磁感应发现一定范围内的金属物体。其基本工作原理为:探测器探头内的金属线圈可以产生磁场;该磁场能够影响一定范围内的金属物体,在其中产生微弱电流;这些电流又可以形成磁场,这个磁场能够被探测器内的信号接收装置感知;报警装置以声、光或震动的方式警示作业手。

部分金属探雷器应用了磁法探雷技术,即通过探测地雷铁磁性外壳或零部件的磁异常发现地雷。由于钢、铁等铁磁材料具有较强的磁性,地雷中如果含有此类物质,将会引起其所处的地磁场异常,通过对地磁场或其梯度进行精确的测量,根据异常值即可找到地雷的位置。这项技术的探测深度可达数米,因此还可以应用于航弹探测器上(航弹埋深一般为 2~5 m)。

谐波雷达技术也被用于地雷探测领域。其工作原理为:探测装置向外发出高频无线电波,这些电波如果接触到土壤、植被、岩石、空洞等自然景物,会以相同的频率反射回来,接收装置忽略;如果接触到地雷的金属构件接点或其电子元件的半导体接点,就会辐射出3次谐波,接收装置检测到此类3次谐波,就可以发现地雷。这种技术可以用来探测地面或浅表层的金属目标,如坦克、火炮和地雷等,其突出优点是具有较强的抗地物杂波干扰的能力。1976年,美国陆军机动装备研究与发展司令部推出了一款机载金属再辐射雷达,并制定了发展便携式探雷器的计划。

虽然金属探雷器广泛应用于扫雷作业,但也受到一些因素的制约,如土壤类型、地雷种类和埋设深度等。2001年开展的一项国际研究表明,金属探测器对于埋设在富含铁元素土壤内地雷的探测成功率相对偏低,比正常土壤类型降低了大约20%。另外一个问题在于虚警数量过多,绝大部分的预警信号都不是地雷,而是土壤内的其他金属物体,如弹片、子弹壳和铁丝等。每发现一枚地雷,大概会同时发现100~1 000枚此类金属物品,而且探测器的灵敏度越高,虚警数量也会越多。柬埔寨地雷行动中心对其6年内使用金属探测器的扫雷作业数据进行了统计和梳理,结果表明,在总计 2 300 万 h 作业时间中,只有 0.4% 的时间是在真正挖掘地雷,其余 99.6% 的时间都浪费在清理雷场内的金属残片上。

传统金属探雷器的灵敏度较低,只能探测金属壳体的地雷。随着科技尤其是塑料制造技术的飞速发展,出于反探测的目的,现代地雷中的金属含量越来越少,以某型防步兵地雷为例,整个地雷中金属含量仅为 1.09 g,这对探测器的灵敏度提出了更高的要求。世界范围内较为新型的金属探雷器(如美国的 AN/PSS-11 探雷器、英国的 P6/2 型探雷器等)均使用了高灵敏度金属地雷探测技术,能够探测到地雷中细小的金属零件,如引信击针、钢珠等。但灵敏度的大幅提升同时带来了一定的负面效应,即虚警率的增加。因此,金属探雷器发展面临的一大难题就是如何在提高灵敏度的同时将虚警率控制在一定范围之内。

2. 非金属探雷器

第二次世界大战以后,世界各国纷纷大量使用塑料雷壳和非金属构件制造地雷,地雷的"去金属化"趋势明显。地雷探测研究人员开始拓宽思路,探索全新的地雷探测方法和技术途径,研制非金属地雷探测装备。到目前为止,已经可以通过冲击脉冲雷达、介电常数异变、炸药气体探测、热成像和声学等技术实现非金属地雷的探测和定位。

(1)冲击脉冲雷达探雷技术。

冲击脉冲雷达探雷技术工作机理是基于高频电磁波的散射和反射原理,分析雷达接收到的信号,即可获知地下目标的性质、形状等特征信息。该项技术可以利用雷达回波的时域特性和合成孔径技术实现对地雷的二维和三维层析显示。虽然从原理上讲,只要地雷与周围介质在电磁特性方面存在差别,就可以通过冲击脉冲雷达探测到,但实际应用环境的复杂性大大增加了其准确探测到地雷的难度,急需解决的难题包括:①地雷目标三维成像及其快速算法;②地雷目标特征选择、提取和识别方法;③多通道毫微秒脉冲发射机和接收机研制;④高效超宽带收发天线及其阵列研制。欧洲探雷研究中心、美国劳伦斯国家研究室和美国陆军研究实验室等机构经过多年研究,已经成功研制出了冲击脉冲雷达成像探雷系统。

(2)高频探雷技术。

采用平衡发射与接收天线的方法,通过检测地雷与土壤交界处的介电常数异变,可以探测到一定埋深之内的金属壳或非金属壳地雷。每种物质都有与之对应的介电常数,某个地区的土壤性质一定,其介电常数应该是均匀的。如果其中藏有一个异物,如地雷,则地雷与周围土壤之间的介电常数会有一个突然的变化。因此,检测土壤中介电常数异变,就可以探测地雷的埋设位置。由于地雷形状较为规则,可以根据信号的变化规律判断该异物是地雷还是其他干扰物。这项技术常与低频电磁感应探雷技术结合,用于复合式探雷器。

(3) 红外成像探雷技术。

这项技术所提取的物理量是从远距离地雷目标物到达传感器的热辐射通量。由于内在因素的差别和外部影响因素的不同,地雷与土壤环境之间存在温度差异,有时可高达几摄氏度。不同的温度会造成热辐射差异,这种差异能导致红外成像中地雷与大地背景间的灰度差异,因此可以帮助我们识别和探测地雷。红外成像探雷技术具备很多优势:①红外成像是被动式探测,探测系统不会暴露自己,战场隐身能力较强;②波长较短,分辨率相对较高,成像效果比雷达探测技术更好;③可以在远距离上实施雷场侦查。因此,红外成像技术一经提出就受到各国的广泛重视,成为远距离雷场侦查领域的主要技术手段。世界各个发达国家都在加紧研制机载雷场探测与侦察系统(AMIDARS)和远距离雷场探测系统(REMIDS)。

(4) 炸药气体探雷技术。

对于地雷而言,炸药是一项最为基本的特征。虽然地雷大多埋设在地表以下,还是不断有微量的炸药扩散到空气中,如能通过探测炸药来发现地雷,虚警率将大大降低。到目前为止,炸药气体检测方法中有希望满足野战使用条件的是核电四极矩共振探雷技术。其工作原理为:从外部施加一个电磁场,使物质产生原子核电四极矩共振,共振时物质所吸收或发射的一定频率或一组频率的电磁波,能够构成判定物质种类的依据。例如,地雷很多时候使用梯恩梯或者黑索金作为战斗部主装药,如能检测到其特有的电四极矩共振频率,则可判定土壤中存在此类炸药,进而发现地雷或者未爆弹。英国研制的SA系列探雷器采用了另外一种技术路径,即探雷器上装有吸气泵,吸入混有炸药气体的空气后,可通过炸药中硝基离子膜与氯离子结合的特点,产生信号电流,通过显示器提示存在地雷。

(5) 声学探雷技术。

声学探雷的基础是地雷和周围土壤存在异声性和对声波不同的反射能力。基本思路是利用超声波探雷,即电子装置产生超音频的电磁振荡,经换能器变为机械波向地面以下发射,超声波遇到介质的分界面(即地雷表面)时发生反射和散射,反射和散射的过程受到地雷形状、材质和结构等因素的影响,因此接收到的回波中带有地雷的信息,可以作为判断是否存在地雷的依据。还有一种方法是利用声表面波,即在地表层发射声波,使其沿地表面向前传播,遇到地雷时产生反射或散射,接收装置分析回波特性,判定是否存在地雷。但土壤并非均匀介质,内部环境复杂多变、杂物众多,这成为利用声学原理探测地雷的最大障碍。

3. 复合式探雷器

这种探雷器将金属探测技术和非金属探测技术加以复合,利用2种原理同时进行探测,获取不同的地雷特征信号,在通过单片计算机等信号处理手段对收集到的信息加以分析判断,确定是否存在地雷。该类探雷器材具备探测金属和非金属地雷的双重功能,也可以单独做金属探雷器或非金属探雷器使用。该类探雷器材能够抑制单一探测原理产生的原理性虚警,如弹片、木块和空洞等,但无法克服2种探测原理都存在的共性虚警。

复合式探雷器(如俄罗斯研制的ЛР-505型复合探雷器)代表了电子探雷器材的发展趋势。

地雷探测器按照不同的携带、装载和使用方式,可以分为便携式、车载式和机载式3类。

便携式探雷器供单兵搜索地雷使用,一般为手持式,个别有肩扛式或背负式(如英国的5A型宽幅探雷器和MIL-DEL型自动探雷器),作业手手握探杆,采用立姿、跪姿或卧姿作业,发现地雷后多以耳机的声响变化作为报警信号。车载式探雷器以轮式或履带式车辆作为运载工具,适合在道路、机场和广阔地面上探测地雷,以声响、灯光和屏幕显示等方式报警。其探测速度较快,可伴随保障坦克、机械化部队的行动。机载式探雷器可以安装在直升机、飞机或无人机上,用于在较大地域范围内实施远距离快速探测,侦察到的雷场信息可实时传输到地面指挥部或返回后再上报。

纵观地雷探测技术近年来的发展动态,主要有2个明显的发展趋势。

(1)开发新的技术路径并加以综合利用。

世界各国目前均在研发多功能传感器,借助多种技术、综合运用多种手段进行探测,主要分为4种类型。一是高清晰地面穿透雷达,该系统能装在小型遥控车辆之上,扫描可疑区域,能探测出地下0.3~1.5 m之内的金属或非金属地雷。二是阵列式探测感应器,其通常悬挂于车辆前部或两侧,探测到的数据通过车载处理器进行处理,或发送至后方的监视器和控制台。三是前视红外成像照相机,它能扫描车辆前方区域,识别雷区发出的信息。四是热中子激活系统,它能够释放出中子流,与地雷装药中的氮元素产生反应,这种反应会产生另外一批中子,从而探测到地雷的存在。

(2)加快提升作业的速度和效率。

现代战争要求地雷探测作业快速高效,一般作业速度不得低于5 km/h,最好能够实现探扫雷一体化作业。目前仅有人工扫雷方式可以进行探雷、排雷连续作业,但其效率低下,无法满足大规模现代化战争的需求。因此,世界各国正在加紧研发新型车载和机载装备,力求解决这一难题。美军将"水牛"防地雷反伏击车与"哈士奇"地雷/简易爆炸装置探测车(图6.8、图6.9)搭配使用,可以实现探扫雷一体化。法国和德国合作研制的"SYDERA"近距离探扫雷系统,可以完成探测、诱爆和摧毁地雷及未爆弹药等任务。

图 6.8 "哈士奇"地雷/简易爆炸装置探测车

图 6.9 "水牛"防地雷反伏击车

(3)将无人/遥控技术与地雷探测技术相结合,保证作业安全。

日本千叶大学、东北大学等科研机构已经联合研制出一款探雷机器人,利用金属探测器和探地雷达,可以探测到各类金属和非金属地雷,如图 6.10 所示。英国的新一代"手推车"排爆无人车可以发现地雷和未爆弹,并将其取出、拖走或利用霰弹枪摧毁。美军也计划利用希伯尔公司研发的坎姆考普特 S-100 型无人机(图 6.11),搭载专门的机载探测系统,侦察对手的雷场、地表弹药等信息。

典型地雷探测器材,如下所述。

1. GTL130 型复合探雷器

GTL130 型探雷器是一款便携式复合探雷器,综合利用了电磁感应探测技术和超高频非金属探测技术,用于单兵探测埋设的防步兵地雷和防坦克地雷。它兼具金属探雷器和非金属探雷器的功能,具有灵敏度高、抗干扰能力强、适用范围广等特点。

工作原理:复合探头同时被低频和超高频振荡器激励,发射 2 种不同频率的电磁波。

图 6.10 探雷机器人

图 6.11 坎姆考普特 S-100 型无人机

当遇到埋设在地面以下的地雷时,金属检波器检测到金属信号,异物检波器检测到异物特征信号,信号处理器对二者进行综合处理,只有 2 种信号都符合标准才会报警,提示存在地雷,这样就能够有效解决单一检测手段导致的虚警过多问题。

该型探雷器全重不超过 3.5 kg,对 72 式塑料防步兵地雷的探测距离不小于 8 cm、72 式塑料防坦克地雷不小于 11 cm。它使用 12 节标准 5 号电池可以连续工作 15 h 以上,可在 -40 ℃~50 ℃ 的温度区间正常工作,能有效抑制截面积小于 1 cm^2 的金属碎片以及空穴、石块、树根等的干扰,有"复合""金属"和"非金属"三种探测方式可供选择,可以根据不同的土壤背景自动调节探测灵敏度。

2. 美国 AN/VRS-2 车载道路探雷器

这种探雷器质量约为 300 kg,如图 6.12 所示,作业时其装载在吉普车上,可用于快速探明永久性、临时性道路或机场是否埋设了金属地雷。

这种探测器利用相位选择的电桥电路原理工作,频率为 800 Hz,当磁场中出现金属体时,电桥失去平衡,探雷器通过耳机向驾驶员报警,驾驶室的仪表盘上同时闪烁红色报警灯。此时汽车自动停止前进,地雷的具体位置需由工兵使用便携式探雷器或探雷针确定。其最大作业速度为 6 km/h,还可以在 0.6 m 深的水中作业。

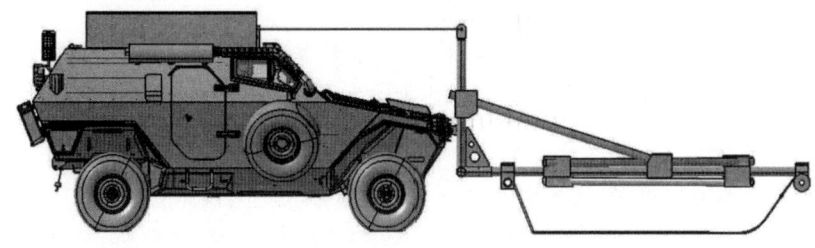

图 6.12　美国 AN/VRS-2 车载道路探雷器

3. 美国金属再辐射雷达(METRRA)探雷器

美国金属再辐射雷达(METRRA)探雷器是一种搭载在直升机上的探雷器材,利用谐波雷达探测地雷的金属构件,其主要包括一个巨大的矩形发射和接收天线以及一套能显示并存储地形、目标信息的监控设备。

作业时,发射装置向外发出高频无线电波,遇到一般物体会以相同的频率反射回来,但如果遇到地雷的金属构件或半导体的接点,就会转换成 3 次谐波。系统根据接收到的电波信息,判别是否存在地雷。这套系统具有一定的抗干扰能力,可以穿透云雾、雨水和树叶等遮蔽物,还能用于探测弹药、装甲车辆等目标。

除直升机外,无人机也可以搭载雷达探雷器,如图 6.13 所示。

图 6.13　搭载探地雷达系统的无人机

6.2.3　生物探雷技术

某些生物的感官系统远远超过人类,可以被用来探测地雷。例如,犬类对化学物质的敏感度是人类的一百万倍以上,它们的嗅觉灵敏度甚至能超过目前最好的化学探测器,因此训练有素的探雷犬可以嗅探到梯恩梯等地雷中常用的主装药,发现埋深不超过30 cm的防坦克地雷、防步兵地雷和炸药;其高度发达的听觉系统可以听到绊线被风吹动的声音,发现7~8 m远的地雷绊线。

第二次世界大战期间,美军和苏军就曾利用军犬发现过数量众多的各型地雷。第二次世界大战后,探雷犬(图6.14)作为一种地雷探测手段,在证明有效之后得以广泛应用。目前一共有超过900只探雷犬在阿富汗、苏丹等24个国家从事地雷探测工作。适合做探雷犬的犬种包括德国牧羊犬、比利时马里诺犬等,有时也使用拉布拉多犬和比格犬。

图6.14 联合国在人道主义扫雷行动中使用探雷犬

与人工作业相比,探雷犬的优势在于其作业效率和准确率高,不易产生虚警,探雷犬每天可以探明数百乃至上千平方米地域内的地雷位置。

探雷犬通常用于低危区域,确定雷场位置以及检查零星地雷。它们不适用于地雷密度较大的高危区域,因为太多的信号源会使其游移不定。它们的可靠性和作业效率也受到恶劣气候、密集植被等因素的影响,且无法长时间保持高灵敏状态,因此,《联合国地雷行动标准》规定,必须由2条探雷犬先后确认之后,方可证明某片区域的安全。

除犬类外,经过训练的海豚也能够准确地发现港口、航道中的水雷,猪、鼠类(图6.15)、蜜蜂等也可用于探测地雷。有一种细菌靠食用梯恩梯散逸出来的微粒繁衍后代,如果将这种细菌撒在地面上,它们就会在有炸药的地方定居繁殖。这种细菌繁殖速度很快,并且可以在暗处发出荧光,由此可确定地雷的具体位置。加拿大、美国和丹麦甚至正在研究可以探测地雷的转基因植物,并已取得了初步进展。

图 6.15 探雷鼠

6.2.4 化学探雷技术

法国杜芬电子和自动化实验室研究出了一种利用水反应性染料探测地雷位置的方法。其工作原理是埋在地面以下的固体目标会干扰土壤中水分的上下流动,因此埋有地雷的地面在晴天比别处干燥,雨天则更为湿润。将若丹明、茶酚绿兰等对水敏感的染料撒在可疑地面,只需 10~15 min,就能凭借其颜色差异判断出哪里埋有地雷。

此种化学探雷技术方法简单易行,成本低廉,但受气候和环境的制约较大,只有特定条件下方可作业,因此未能得以广泛应用。

6.3 扫雷器材

按照不同的作业场景,搜索、清除地雷的行动一般分为作战扫雷和人道主义扫雷。作战扫雷的任务是迅速在雷区内清理出一条或多条通道,保障军队行动自由,更为强调作业效率。在现代战争中,一般雷场中地雷的失效率达到 80% 以上时,部队即可快速通过。人道主义扫雷则旨在彻底消除某个地区的雷患,维护居民生命财产安全,尽快恢复正常的生产和生活秩序,因此对作业安全和作业有效性、彻底性的要求更高。二者的作业方式、作业特点、作业要求等均有较大差别,作业手段也各不相同。作战扫雷大多使用爆破扫雷、机械扫雷和综合扫雷等方法,而人道主义扫雷则一般以人工扫雷为主,机械扫雷为辅。具体的扫雷手段,决定了使用何种扫雷器材。

1. 人工扫雷器材

人工扫雷是最传统的扫雷作业方式。在作业过程中,除探雷针、便携式探测器等探雷装备外,作业手还需要锹、铲子、刷子和剪刀等工具挖掘地雷、剪断绊线,保险销、保险片和保险管等排除地雷,防爆头盔、防护服、手套等个人防护装备也必不可少。人道主义扫雷一般不会拆解排除地雷,而是将探测到的地雷进行简单挖掘后就地炸毁,因此还涉及军用电源、导线、梯恩梯药块、导爆索、雷管和导火索等起爆器材。

人工扫雷作业具有很多优势:(1)作业方式隐蔽;(2)成功率高,一般能100%清除埋设的所有地雷;(3)不会破坏环境。但是其缺点也同样突出:(1)作业效率极低;(2)战场环境下,作业手人身安全受到对手火力的严重威胁。因此,人工扫雷用于作战扫雷行动较少。

2. 爆破扫雷器材

爆破法扫雷是利用炸药爆炸时产生的冲击波超压及破片等爆炸产物诱爆或者破坏地雷。爆破法扫雷作业效率很高,能够在短时间内在雷区为己方人员和车辆迅速开辟出一条安全通路。

爆破法扫雷器材主要包括制式爆破筒、便携式或车载直列装药,如图 6.16 所示。早期是利用人工、绞盘或坦克等将爆破装药送入雷场,后期发展出了专门的火箭爆破器和扫雷火箭弹。以火箭扫雷弹为例,其作用原理为:火箭扫雷车凭借自身的定向管向目标雷场发射扫雷弹;当扫雷弹引信触地时,扫雷弹空爆,产生爆炸冲击波,以一定的压力和冲量作用于地雷;当冲击波对地雷引信机构产生的压力大于其动作压力,并且冲击波的比冲量大于地雷起爆所需比冲量时,地雷即被诱爆。

图 6.16　美军利用直列装药进行爆破法扫雷演练

目前,爆破法扫雷的前沿技术之一是利用燃料空气炸药(FAE)扫雷,美军最早在 1991 年的海湾战争期间就曾使用过燃料空气炸药扫雷系统。虽然空气燃料炸弹产生爆轰波的超压值比普通炸药低,但其爆轰反应时间高出普通炸药几十倍,持续作用时间长,作用面积大,尤其适用于雷场等面积目标。美军正在研究一种物质,该物质提前撒在雷场之后可以放大燃料空气炸药的爆炸能量,能够有效对付耐爆地雷。其他较为新型的技术包括分布式扫雷装药、泡沫炸药等。

爆破法扫雷操作简便,可以迅速在雷区开辟出通道,破障效率极高,但其清除率无法达到人道主义扫雷清除率不低于 99.6% 的标准,因此一般只用于作战扫雷。

典型爆破扫雷器材举例,如下所述。

(1) 英国"大蝮蛇"爆破扫雷系统。

英国"大蝮蛇"爆破扫雷系统是一种长约 230 m、直径为 6.8 cm 的柔性直列装药,主装药为塑性炸药,如图 6.17 所示。它利用 8 个小型火箭发动机发射进入雷场,尾部的 3 个降落伞充当制动器,可以拉直装药并使引信作用。爆炸器落地后爆炸,可以在防坦克雷场开辟出一条长 182 m、宽 7.28 m 的通路,但对耐爆地雷作用有限。

图 6.17 英国"大蝮蛇"爆破扫雷系统

(2) 德国 DM21 型扫雷梯。

德国 DM21 型扫雷梯的战斗部是 3 条平行的导爆索,导爆索之间横向间隔为 30 cm,纵向每 75 cm 有一根木棍,横向固定导爆索,整体呈梯子形状。扫雷梯重约为 105 kg,全长为 50 m,每根导爆索上均匀分布着 200 个小型炸药包,每个炸药包质量为 50 g,600 个炸药包全重为 30 kg。

扫雷梯需两人操作,能在雷场开辟长 50 m、宽 0.6 m 的通路。

(3) 美国 SLUFAE 扫雷器。

美国 SLUFAE 扫雷器以 M548 型履带式运输车为底盘,利用 30 管火箭发射架,通过发射装有燃料空气炸药的火箭弹,在雷场中开辟通路,如图 6.18 所示。

火箭弹全重为 87 kg,内装质量为 38.6 kg 的氧化丙烯和 2 个云爆管。它可以单发或以任意数量连续发射,射程为 300～1 000 m,具体射程由阻力伞打开时间决定,开伞时间越长,射程越远。其弹着点基本成一线,着地时间间隔为 1～5 s,3～5 min 即可发射完毕。

美国 SLUFAE 扫雷器操作简便,可远距离作业,且不受气候影响,一次齐射能开辟出一条 300 m 长、12 m 宽的雷场通路。

图 6.18　美国 SLUFAE 扫雷器

3. 机械扫雷器材

扫雷机械最早出现在第一次世界大战期间,后衍生出诸多不同类型,包括扫雷磙、扫雷耙、扫雷犁、扫雷连枷和挖掘式扫雷机械等,其主要任务是引爆、损坏或者移除地雷。

(1)扫雷磙。

英军于 1914 年发明了扫雷磙,是最为古老的机械扫雷器材。它可以安装在坦克、拖拉机和轮式装载车等机械之上,通过自身重力和碾压,满足所经过地域之内地雷引信的触发条件。扫雷磙易于制作、操作简单,但清理宽度有限,而且存在 2 个难以解决的问题:一是无法承受防坦克地雷的爆炸威力;二是对于埋藏较深的防步兵地雷,清除率不能达标。

(2)扫雷耙。

扫雷耙可以用于清除地雷和未爆弹。该器材依靠旋转鼓工作,鼓上装配有凸出的齿片,在行进过程中可以碾入地面一定的深度,通过齿片与地雷直接接触,将其毁坏或者诱爆。

扫雷耙较为笨重,要求装载机械具备强大的动力系统。此外,有研究机构指出,扫雷耙在松软或者砂石类地面上的扫雷有效性偏低。

(3)扫雷连枷。

扫雷连枷的工作原理是通过链锤对地面的冲击清除地雷。大多数扫雷连枷的结构基本相同,包括一套动力系统和数十根连枷(由链条和链锤组成),如图 6.19 所示为爱尔兰军队配备的扫雷连枷。工作时,扫雷连枷动力系统驱动所有连枷以一定的速度连续锤击地面,链条对地面的土壤进行切削和抛离,遇到地雷时将其引爆或砸碎。

虽然有时扫雷连枷会将没有爆炸的地雷甩到别处,需要再次探测和清除,但就综合效能而言,该系统仍优于前面 2 种扫雷机械。第二次世界大战时它曾经安装在盟军的"谢尔曼"坦克上,在诺曼底登陆作战中发挥了非常重要的作用。目前,不少国家的工程兵部

图 6.19　爱尔兰军队配备的扫雷连枷

队仍配备该扫雷系统,包括英国的 MK4 型扫雷车、挪威的装甲扫雷车和德国用 M48A2 坦克改装的扫雷车等。

(4)挖掘式扫雷机械。

挖掘式扫雷机械可以将可疑地域内一定深度的土壤依次挖走,通过筛滤和人工观察,找出其中的地雷或未爆弹,收集后统一进行销毁处理。一套挖掘式扫雷机械系统可以包括拖拉机、挖掘机、土壤筛选机和装载机等不同机械,也可以使用同一辆机械,在不同作业程序选择合适的配件。

此类扫雷机械适用于各种埋设深度的地雷,而且清除率极高,联合国地雷行动处已经将其纳入可以执行人道主义扫雷任务的作业机械范畴。目前正在黎巴嫩执行维和扫雷任务的柬埔寨工兵分队下辖一支挖掘式机械扫雷队,其扫雷机械是一台履带式装甲挖掘机,配有挖掘、筛滤、压碎等不同功能组件,如图 6.20 所示。但是,受制于自身有限的防护能力,挖掘式扫雷机械无法清除防坦克地雷。

图 6.20　柬埔寨维和工兵分队在黎巴嫩-以色列边境地区使用的挖掘式扫雷机械

(5)扫雷犁。

扫雷犁可以安装在坦克、装甲车辆等车辆的前端,其犁铲插入地面并在一定深度上前进,从而将土壤内的地雷犁出并推至通路一侧,如图 6.21 所示。它只能在雷区开辟通路,通路之内的地雷会被移除,但很少被引爆,还需要被二次清除。因此,该扫雷机械并不适用于人道主义扫雷作业。

到目前为止,扫雷犁仍是在埋设较深的雷场内开辟通路的最为快捷有效的方式,尤其是车辙式扫雷犁系统等被各国军队广泛应用。

图 6.21 加装了扫雷犁的作战坦克

总体而言,扫雷机械面临着不少难题。一是防护能力不足,聚能装药地雷爆炸时产生的高温高压金属射流足以击穿大多数扫雷机械的保护装甲;二是地形适应性差,除挖掘式扫雷机械外,其他类型的机械难以与波浪形地形产生有效接触,可能会漏过某些地雷;三是无法应对延期地雷和智能地雷,配备了红外、电磁或震动传感器的地雷可以在一定距离之外感知扫雷机械的到来,在发生物理接触之前即可发动攻击,威胁作业人员的人身安全。

目前扫雷机械主要有两个发展方向:一是遥控作业,通过与 GPS 轨迹相匹配的可视化操作系统,作业人员可以在安全距离之外操作扫雷机械,开展扫雷行动,遥控距离可达数百米甚至几千米;二是加强扫雷机械自身的防护能力,在作业室底面配备 V 形装甲,强化机身、窗户、座椅等关键部位的结构强度,使之可以有效防御爆炸破片和冲击波,降低作业人员的受伤概率。

典型机械扫雷装备,如下所述。

(1)英国"土豚"MK4 型扫雷车。

"土豚"MK4 型扫雷车是英国 2001 年研制的一款中型连枷式扫雷车,可用于清除各型防步兵地雷和防坦克地雷,如图 6.22 所示。它的装甲厚度为 6 cm,全重为 15.7 t,使用额定功率为 260 kW 的"卡特皮勒"6 缸直列增压柴油发动机作为动力来源。其作业宽度为 3 m,可自动控制作业深度,最大作业深度为 60 cm。扫雷连枷的工作转速为 300 r/

min,扫雷工作效率主要由土壤硬度决定,每小时可清理 300~2 500 m² 的区域。

图 6.22 英国"土豚"MK4 型扫雷车

该扫雷车采用履带式和轮式复合行走机构,地形适应性较好,可以攀爬 35°的陡坡。其驾驶室带有空调和额外的装甲系统,可由 1~2 名驾驶员操作,也可以遥控操纵,最大遥控距离为 5 km。

(2)瑞典 SCANJACK 3500 型扫雷车。

该扫雷车是一款在森林采伐机械基础上改制的重型扫雷车,用于清除防步兵地雷和防坦克地雷,如图 6.23 所示。该扫雷车全重为 37.5 t,装有 2 台独立的发动机,一台额定功率 164 kW 的 6081HTJ02 型柴油发动机用于驱动底盘,另外一台 425 kW 的 DSI14 型发动机为作业装置提供动力。它可以由作业手直接操纵,也能遥控作业,遥控距离为 300~700 m。

图 6.23 瑞典 SCANJACK 3500 型扫雷车

该扫雷车采用了双排转子式扫雷系统,其转速相同,均为 300~400 r/min,前排链锤较短,用于切削植被和 15 cm 以内的土壤,后排链锤长出 10 cm 左右,用于切削 30 cm 深的土壤。其作业宽度为 3.5 m,作业效率为 900~1 500 m²/h,扫雷测试作业效果良好。

4. 综合扫雷器材

现代地雷使用了大量的电子元件,包括各类信号探测器。与之对应的,也出现了电子扫雷器材。以美军研制的车辆磁性特征模拟器为例,其扫雷工作原理是模拟坦克、装甲车辆等军用装备的电磁辐射信号,使得对手布设的智能磁感应地雷提前被引爆。

为实现非接触式扫雷,定向能扫雷技术也是目前各国研究的重点之一。激光扫雷技术使用激光束照射地雷,产生高温高压,引起地雷爆炸或燃烧。微波扫雷技术通过向地雷发射高功率微波,在其电路中产生感应电流引爆地雷,或者通过产生的高温将其引爆或引燃。

但是,此类扫雷器材的应用面较窄,只对某种特定种类或特殊状况下的地雷有效,无法应付传统的触发地雷,因此通常会结合其他扫雷方式共同使用,以便扬长避短、互相补充。此类扫雷器材有爆磁结合、机磁结合、机爆结合和机爆磁结合等多种形式。综合扫雷车通常包括爆破、机械和电子等扫雷方式,从而大大提高了作业能力和作业效率,如图6.24所示。

图6.24 某型综合扫雷车

典型综合扫雷装备,如下所述。

(1)俄罗斯BMR-3M型扫雷车。

该型扫雷车于2000年开始服役,用于取代俄罗斯陆军目前装备的BMR-2型扫雷车。它以T-90型坦克底盘为基础,原有的炮塔被新的全焊接式结构取代,保留了一挺12.7 mm口径的机枪用于自卫,也可以用来射击引爆地面之上可见的地雷,如图6.25所示。车身装有爆炸反应装甲,可以防止反坦克武器、地雷/炮弹破片造成伤害,底盘装甲采用复合结构,能够抵御防坦克地雷在车底爆炸,车内还装有核生化三防系统。

该车全重为48 t,长宽高分别为6.93 m、3.78 m、2.93 m,采用一台840马力的V-84MS型柴油发动机,公路行驶速度可达45~50 km,续航里程为500 km。该车平时可涉渡1 m深的水域,装上特殊潜渡设备后最大潜渡深度可达5 m。该车安装了KMT-7型扫

第6章 布雷、探雷和扫雷器材

图 6.25　俄罗斯 BMR-3M 型扫雷车

雷磙/犁,使用扫雷磙能以机械碾压的方式,一次清理出两条 0.8 m 宽的通路。扫雷车上还配备了磁性扫雷装置,可以在一定距离上引爆磁引信地雷,多频谱的无线电干扰装置可以防止地雷被对手遥控起爆。它的作业效率视地雷密度和地面状况而定,最高作业速度为 12 km/h。

(2)美国 M1 型突击破障车。

M1 型突击破障车是美国在阿富汗战场推出的一款突击破障车,可用于突破地雷、路边炸弹、简易爆炸装置等爆炸性障碍物的封锁,或在抢滩登陆行动之前开辟安全通道,如图 6.26 所示。

图 6.26　美国 M1 型突击破障车

该车使用了美军 M1A2 型主战坦克的底盘,全重达 70 t,但配备了一台 1 500 马力的涡轮发动机,越野机动性能较好,最高时速可达 60 km。该车可以在车首安装全宽式扫雷犁、战斗推土铲和弹药快速清除系统等不同组件,并配备了 2 套 M58A3 型爆破扫雷器,用于引爆前方的防坦克地雷。该车配备了大量爆炸反应装甲,战场环境的自我防护能力较强。

M1 型突击破障车数字化、自动化程度很高。车上搭载了全球定位系统、激光测距望远镜、光学及红外侦察设备等,可与工程兵野战指挥系统和军队自动化指挥系统连通,实时分析作业区域的地雷种类、布设方式、布设密度和雷场纵深等数据,并制定出最佳扫雷破障方案。

第7章 地雷行动及地雷安全

7.1 地雷行动

7.7.1 地雷威胁

20世纪70年代至90年代初期,一些国家在冲突期间布设了大量雷区。美国政府的地雷专家估计,在1978—1993年间,全球各地共布设了超过6 500万枚防步兵地雷,平均每年400余万枚。20世纪90年代中期,联合国估计每年埋设的地雷约为250万枚,而每年清除的地雷则仅有8万枚左右。1999年,非政府组织"世界禁雷运动"在其年度报告中表示,一共有108个国家还拥有防步兵地雷库存,总量高达2.6亿枚。

第35届联合国大会在1980年12月通过第35/71号决议《战争遗留物问题》,指出"战争遗留物,特别是地雷,严重阻碍了一些发展中国家的建设努力,并蒙受了巨大的生命和财产损失。"

地雷的危害与常规军械弹药大不相同,尽管其直接针对的目标也是对手军事人员,但真正在战争期间引爆的地雷数量仅占总量极小的一部分。绝大部分地雷在战争结束后仍然存在,对平民和社会经济构成极大的长期危害,有些甚至能在地下埋藏超过80年之久。地雷不但会造成诸多民众受伤、致残乃至死亡,更为严重的问题在于,地雷将导致雷患地区大量的土地、基础设施等无法使用。1996年,人道主义扫雷组织"挪威人民援助"在莫桑比克的清排工作中发现,仅仅4枚地雷的存在,便使得大约10 000名当地村民不敢耕种自己的土地,被迫搬离原来的村庄。

1. 雷患国家/地区

截至2019年9月份,仍约有60个国家和地区受到雷患的困扰,其中10个国家的防步兵地雷雷区面积在100 km² 以上,包括阿富汗、安哥拉、波黑、柬埔寨、乍得、克罗地亚、伊拉克、泰国、土耳其和也门。

2. 地雷导致的人员伤亡

有记载以来,地雷和战争遗留爆炸物导致的伤亡人数超过50万,2015—2018年,因地雷而死亡、受伤或致残的人数分别为6 971、9 439、7 253和6 897。大多数的伤亡案例集中出现在长期受战乱困扰的国家,1999—2018年地雷伤亡人数最多的10个国家见表

7.1。

表 7.1　1999—2018 年地雷伤亡人数最多的 10 个国家

序号	国家	伤亡人数
1	阿富汗	27 670
2	哥伦比亚	10 869
3	柬埔寨	8 802
4	叙利亚	6 093
5	伊拉克	5 533
6	伊朗	5 221
7	巴基斯坦	4 755
8	缅甸	4 623
9	也门	4 433
10	印度	3 832

以 2018 年为例,地雷共导致 3 059 人死亡,3 837 人受伤,还有 1 人的生存状况未知。这些伤亡案例发生在 50 个国家和地区,以面临武装冲突和大规模暴乱的国家为主,伤亡人数最多的国家及具体伤亡人数见表 7.2。

表 7.2　2018 年地雷伤亡人数最多的 10 个国家

序号	国家	伤亡人数
1	阿富汗	2 234
2	叙利亚	1 465
3	也门	596
4	缅甸	430
5	乌克兰	325
6	马里	303
7	伊拉克	204
8	哥伦比亚	171
9	尼日利亚	147
10	巴基斯坦	122

从下列 2018 年的数据分析中可以看出,地雷受害者中,平民远多于军人,男性占绝大多数,相当大的一部分受害者是儿童。

(1)在身份已知的 5 770 名受害人员中,共有 4 087 名平民,占 71%;

(2)在性别已知的 4 709 名人员中,男性(包括男童)数量为 4 162,占 88%;

(3) 在年龄已知的 4 310 位人员中,共有 1 714 名儿童,占 40%。

7.1.2 地雷行动相关国际公约

在国际社会的共同努力下,各国签署了数项国际公约,从使用、生产和库存等各个方面对地雷进行限制,包括《禁止使用、储存、生产和转让杀伤人员地雷及销毁此种地雷的公约》(以下简称《渥太华禁雷公约》或《渥太华公约》)、《特定常规武器公约》所附的二号议定书、五号议定书和《集束弹药公约》等。其中,《渥太华公约》对杀伤人员地雷(即防步兵地雷,下同)的限制最为全面、彻底。

《渥太华公约》于 1997 年 9 月 18 日正式通过,1999 年 3 月 1 日正式生效。根据该条约规定,缔约国在任何情况下,决不使用、发展、生产、以其他方式获取、储存、保留或转让杀伤人员地雷,承诺在签署条约 4 年内销毁其储存的所有杀伤人员地雷,并在 10 年内销毁其管辖或控制下雷区内的所有此类地雷。此外,该公约还对地雷行动国际合作、地雷受害者援助、国家履约责任和争端解决、透明性措施等方面做出了详细规定。

到目前为止,共有 164 个国家正式成为了《渥太华公约》的缔约国。中国是《特定常规武器公约》修正的二号议定书的缔约国,虽然尚未签署《渥太华公约》,但已经表明了支持该公约的立场:"中国虽未加入《渥太华禁雷公约》,但赞赏公约体现的人道主义精神,认同公约的宗旨和目标。中国多次以观察员身份参加公约缔约国年会,近年来一直在联大一委对"《渥太华禁雷公约》的执行"决议投赞成票,充分表明中国肯定和重视公约的重要作用。中国已经并将继续通过各种切实、可行的途径,积极参加国际扫雷合作与援助活动。

我们愿与"渥约"缔约国保持沟通与交流,为彻底解决杀伤人员地雷问题造成的人道主义关切做出贡献[①]。"

近年来,唯一可以确认使用过防步兵地雷的国家是缅甸政府军,但缅甸并非《渥太华公约》缔约国。至少有 8 个国家的非政府武装组织使用了防步兵地雷,包括阿富汗、哥伦比亚、印度、缅甸、尼日利亚、巴基斯坦、泰国和也门。

7.1.3 地雷行动的主要内容

地雷行动肇始于 20 世纪 80 年代后期,第一次地雷行动发生在 1988 年,联合国为阿富汗民间扫雷活动寻求国际社会的资金援助。目前,全球共有 40 多个国家正在开展各类地雷行动项目。

地雷行动不仅仅是从土地或设施中移除地雷。根据《国际地雷行动标准》,地雷行动

---

① 选自外交部网站 https://www.fmprc.gov.cn/web/wjb_673085/zzjg_673183/jks_674633/zclc_674645/cgjk_674657/200802/t20080229_7669127.shtml

指"……旨在减少地雷和未爆弹药对社会、经济和环境影响的活动……地雷行动的目的是把地雷威胁减少到人们可以安全生活的程度;经济、社会和人们的健康能够不受地雷污染的制约而自由地发展;地雷受害者的需求能够明确表达。"

具体而言,地雷行动包括一系列的人道主义救助和发展规划,旨在降低或消除地雷及战争遗留爆炸物的社会、经济和环境影响,主要可以分为以下5个方面的内容:

(1)地雷(包括未爆弹药)的风险意识教育和降低地雷风险知识教育;

(2)人道主义扫雷活动,包括雷区和未爆弹药污染区域的勘察、绘图和标记;

(3)地雷受害者救助,包括社区恢复和重建;

(4)库存地雷销毁;

(5)反对使用防步兵地雷的宣传倡导。

地雷行动的主体责任由雷患国/地区的政府承担,该国/地区政府应成立地雷行动机构,负责规范、管理和协调本国/地区内的地雷行动计划。地雷行动机构有责任创造条件,有效管理和有序开展本国/地区的地雷行动,该机构对所辖地域内地雷行动的各个环节和各个方面负有最终责任。除本国/地区地雷行动机构组织开展的地雷行动之外,联合国地雷相关机构(如联合国地雷行动处,其标志和宗旨见图7.1)、其他国际/地区组织(如国际红十字会、国际禁雷运动)、非政府组织等也可以充当地雷行动或援助的主体,但应事先征得国家/地区地雷行动机构同意,并在其统一协调下有序开展。

图7.1 联合国地雷行动处

7.1.4 地雷行动的资金来源

地雷行动的资金大部分来自国际社会捐助,以2008—2018年为例,国际社会共为地雷危害最为严重的40余个国家和地区捐助地雷行动专项资金52.6亿美元。

在2018年度,全球用于地雷行动的资金共计6.995亿美元,其中国际社会捐助高达6.426亿美元,占全部资金的92%。该年度的国际地雷行动资金中,捐助金额超过1 000万美元的国家或地区和接受援助金额超过1 000万美元的国家或地区分别见表7.3和表7.4。

表7.3　2018年度捐助地雷行动资金超过1000万美元的国家/组织

序号	国家	捐助资金金额(单位:百万美元)
1	美国	201.7
2	欧盟	108.1
3	英国	58.1
4	挪威	47.4
5	德国	42.5
6	日本	37.2
7	丹麦	23.4
8	荷兰	19.4
9	瑞典	18.6
10	瑞士	15
11	法国	12.7
12	加拿大	11.3

表7.4　2018年度接受国际社会地雷行动捐助资金超过1000万美元的国家

序号	国家	接受捐助资金金额(单位:百万美元)
1	伊拉克	116.4
2	阿富汗	71.8
3	叙利亚	66.7
4	克罗地亚	49.9
5	老挝	46.4
6	哥伦比亚	33.1
7	利比亚	27.5
8	黎巴嫩	16.2
9	越南	15
10	柬埔寨	14.4
11	乌克兰	11.9
12	南苏丹	11.4
13	索马里	10.7

7.1.5　雷区清排与受害人员救助

目前,全球范围内清排雷区的速度相对较为缓慢,低于前期预测的每年200 km^2,

2016 年的清排面积为 145 km²,2017 年为 195 km²,2018 年则为 140 km²。2014—2018 年的 5 年间,大约清排了 800 km² 的各类雷区,销毁了至少 661 491 枚地雷。近些年地雷行动成效显著的国家包括阿富汗、克罗地亚、伊拉克和柬埔寨等。

自从《渥太华公约》1999 年生效以来,共有 30 个缔约国、1 个非缔约国和 1 个地区已经完成了本国/地区范围内所有雷区的清理工作。

人员救助方面,从目前的情况看,防步兵地雷危害深重的国家/地区大多无力对辖区内的人员进行充分救助,无法实现其在《2014—2019 马普托行动计划》中的承诺。众多受害者的救助需求,包括就业、培训和生活救助等,与有限的救助能力之间存在巨大的差距。

7.1.6 各国库存地雷销毁、生产及转让

1999 年,全球各国的防步兵地雷库存量约为 1.6 亿枚,截至 2018 年 11 月,这一数字已经下降至 5 000 万枚以下。《渥太华公约》的签约国一共销毁了 5 500 万枚防步兵地雷,其中 2018 年销毁了 140 万枚。中国虽非《渥太华公约》缔约国,但也一共销毁了超过 200 万枚防步兵地雷。

41 个国家承诺不再生产防步兵地雷,包括埃及、以色列、尼泊尔和美国等 4 个非签约国。近期可能正在生产此类地雷的国家包括印度、缅甸、巴基斯坦和韩国,另外阿富汗、伊拉克、缅甸、尼日利亚、巴基斯坦、叙利亚和也门的非政府武装团体也在生产简易地雷。

至少 9 个非缔约国已经签署谅解备忘录,禁止出口防步兵地雷,包括中国、印度、以色列、哈萨克斯坦、巴基斯坦、俄罗斯、新加坡、韩国和美国。

7.2 《2019—2023 年联合国地雷行动战略》

作为当前世界范围内影响最大的政府间国际组织,联合国在地雷行动领域发挥着不可替代的领导和组织作用。联合国最早在 1988 年 10 月为阿富汗寻求资金援助,解决地雷所引发的人道主义问题,这被视作地雷行动的起源。之后,随着国际社会对地雷行动的重视程度越来越高,联合国秘书处于 1997 年成立了地雷行动处,负责协调和执行控制地雷、战争遗留爆炸物和简易爆炸装置危害的行动。联合国大会将每年 4 月 4 日确定为国际提高地雷意识和协助地雷行动日,呼吁各国、国际组织和非政府组织积极开展地雷风险教育,共同解决地雷危害。一些具有全球影响力的明星也被联合国任命为"消除地雷大使",以期广泛宣传联合国组织的各类地雷行动。

为协调联合国不同机构的具体作用和相对比较优势,确保全系统所有地雷行动支柱和活动方面的一致性,联合国成立了机构间地雷行动协调小组,包括地雷行动处、开发计划署、儿童基金会、项目事务厅等 14 个部门机构以及红十字国际委员会等观察员实体。该小组于 2018 年 12 月 4 日通过了联合国地雷行动在下一个 4 年期间的指导性文件:

《2019—2023年联合国地雷行动战略》,其主要内容如下。

7.2.1 愿景

联合国(地雷行动)的愿景是世界不再受到包括地雷、集束炸弹在内的战争遗留爆炸物和简易爆炸装置之威胁,个人和社群均生活在有利于可持续和平与发展的安全环境之中而无人被遗忘,(地雷)受害者的人权和需求得以满足,并被作为平等成员彻底融入其所在社会。

7.2.2 任务阐述

各个国家负有保护其民众和社群免受爆炸物威胁的主要责任。联合国与各国及受影响的社群共同努力,减少爆炸物对人道主义行动、人权、和平安全及社会经济发展的威胁和冲击。联合国开展行动时,充分尊重人道主义援助、谋求和平与安全环境和实现可持续发展目标的指导原则。通过与各个国家、国际/国内组织以及公民团体的伙伴关系,联合国协助并保护受战乱冲击的民众,为受影响的个人和社群赋能,提高各国管理爆炸物风险的能力,直至其不再需要此类协助。

7.2.3 背景及工作环境

(1)《2013—2018年联合国地雷行动战略》执行期间,(地雷行动)在国家和全球层面取得了显著进展;

(2)当前的危机和冲突导致了(地雷威胁的)持续扩散,尤其是在城市区域,形成了新的挑战和风险;

(3)要满足爆炸物受害者(包括幸存者、受影响的家庭成员和社群)的需求,需要全球的关注和行动;

(4)受爆炸物影响的国家正越来越多地领导本国的地雷行动工作,对国际援助的依赖度降低;

(5)仍需维持对地雷行动部门提供大规模资助,并随其工作进展而相应增加数额。

《2019—2023年联合国地雷行动战略》的总体目标是通过建立有利于恢复、持久和平和发展的环境来保护和协助个人与社群,使世界免受爆炸物威胁。

7.2.4 伙伴关系

有效降低爆炸物带来的威胁需要各国、地区组织、受害社群、公民团体和私人部门的密切协作。在2019—2023年期间,联合国将加强并扩大其在国际、地区和国家层面的伙伴关系,以便强化国家之间在爆炸物事宜及其挑战方面的协调性和同步性。

加强伙伴关系的重点是协调多部门对幸存者及其社群的援助工作。在人道主义行动中,联合国将继续与所有的利益相关方合作,保护受冲突影响的民众并呼吁减少使用爆炸物。此外,联合国还将加大对国家发展实体(包括政府机构、公民团体和私人部门等)的支持,促进已清排地区的社会经济复苏,将幸存者及其社群纳入国家发展计划框架。

7.2.5 赋能因素

(1)继续由各国开展并主导清排工作,确定其需求及所需援助的类别,按照具体情况落实国际地雷行动标准,将地雷行动(包括援助幸存者及其社群)纳入国家计划和预算体系,遵守国际人道主义法律和国际人权法律。

(2)各成员国和地区组织加强政治支持,尤其是通过地雷行动政策、决议、决定、国家计划及其他相关政策框架。

(3)提供持续并可预期的国际和国内财政支持,确保联合国行动(包括紧急情况下)的响应能力、有效性和充分性,为建立国家地雷行动能力的长远投资奠定基础;

(4)将地雷行动有效纳入国家层面的联合国战略协调框架,如有可能,确保其作为战略内容纳入更宽泛的人道主义、建立和平和发展工作之中。

(5)通过联合国机构间地雷工作协调小组加强协作,建立资源共享机制,改进联合国各实体之间数据、信息和分析资料的整合管理工作。

(6)继续与地区组织、非政府组织、私人部门、研究机构及其他利益相关方密切合作协调,共同应对,分享信息,协力推进地雷行动。

(7)提高联合国雇员的实际能力和专业技能,进一步扩展联合国地雷行动人员的总体技术水平,包括基于结果的管理、项目管理和技术利用等方面以及其他地雷行动响应能力。

(8)在确保联合国雇员和人道主义人员开展工作和提供援助时人身安全的前提下,深入受害地区和社群。

7.2.6 预期战略成效

1. 预期战略成效之一

针对爆炸物带来的风险和社会经济影响,强化对个人和社群的保护。

中期成效:

(1)在土地核验和/或爆炸物清理完毕之后,恢复受害地区的通行;

(2)增强个人、社群和国家机构防控爆炸物风险的能力;

(3)强化安全、保卫和武器弹药销毁。

2. 预期战略成效之二

受到爆炸物影响的幸存者、家庭成员和社群可以正常享有医疗和教育服务,全程参与社会经济生活。

中期成效：

(1)幸存者、家庭成员和社群获益于整体协调有序的多部门援助；

(2)幸存者享有并接受全面的医疗援助；

(3)幸存者、家庭成员和社群参与社会经济生活，与《残疾人权利公约》和联合国各个可持续发展目标相一致。

3. 预期战略成效之三

国家机构有效领导和管理地雷行动的功能及责任。

中期成效：

(1)拟定并执行相关国家政策、法律框架、(地雷行动)战略和具体项目；

(2)建立机构能力，将之纳入国家政策、管理和预算体系；

(3)具备有效的地雷行动国家运行能力。

4. 预期整合性战略成效之一

保持并强化地雷行动工作的势头和关注度，包括与人道主义援助、人权、建设和平、稳定以及持久发展等工作进行整合。

中期成效：

(1)国际规范框架得以广泛接受和严格执行；

(2)将地雷行动与人道主义援助、建设和平、稳定以及持久发展等工作的战略和规划有效整合。

5. 预期整合性战略成效之二

通过地雷行动项目解决不同族群中妇女、女童、男性和男童的具体需求，同时促进其权利赋予和回归社会。

中期成效：

(1)保护个人和社群免受爆炸物之苦；

(2)援助爆炸物受害人员；

(3)加强国家地雷行动能力。

7.3 雷区辨识

埋有地雷的区域不一定用特定的警示标志标明，它们看上去可能和没有地雷的区域并无差别。一般而言，地雷难以凭借肉眼发现，因为它们通常埋设在地下或隐藏于植被等物体之后；有其他战争遗留爆炸物的地区应该较为明显，地上会遗留有一些弹药的弹壳、未爆弹等；而诡雷和简易爆炸装置则最难辨识。但是，深入了解当地人群的行为规律、标志物和地面痕迹等，再加上时刻保持戒备心理，可以帮助辨识并避开可能的危险区域。

7.3.1 警示标志

布设地雷的人员一般不会留下明显的标志,指出该地埋有地雷,但其他人可能会留下临时标记,警示他人,或者扫雷组织会设立正式标志,常见的雷区警示标志,如图7.2所示。

图7.2 常见的雷区警示标志

如果居住或者工作的地方附近可能有雷区,那么作为一项安全常识,起码应当了解当地最为常见的警示标志,并在外出时始终保持警惕。但如果某个区域没有清晰的警示标志,并不意味着那里绝对没有地雷、未爆弹、战争遗留爆炸物、诡雷或者简易爆炸装置。或许一开始就没有设立警示标志,也可能设立的标志已经年久失修或者被人移除。

1. 正式警示标志

在有些危险地区,当地政府、非政府组织、联合国机构或者其他组织会设立正式标志,警示大家该处存在地雷或其他类型的爆炸物。在不同的国家,警示标志可能会各不相同,但通常都是亮红色,方形或三角形,由金属、混凝土、木材或塑料制成。最常见的标记雷区或者存在战争遗留爆炸物区域的标志包括以下几种。

(1)红色或白色的骷髅标志,偶有黄色、黑色,经常伴有英语和/或当地语言写就的"危险!地雷!(DANGER, MINES)"字样,如图7.3所示。

(2)用英语和/或当地语言写就的"地雷(MINES)"或"爆炸物(EXPLOSIVES)"字样。

(3)绳子或线带,一般为黄色、红色或蓝色。

(4)一个红色三角形,有时中心会有一个黑点或者"地雷"字样。

(5)一根混凝土或木质标志杆,一侧喷涂为红色,另一侧喷涂为白色。红色一侧即为危险区域。

正规军有时会用刺线或高栏圈起具有重大军事意义的地区,特别是机场、弹药库等永久性战略要地。此外,这些围栏附近可能设有地雷,以便为其提供保护。

如果缺乏合适的材料,正式警示标志可能看上去颇为简易,涂成红色或者蓝色的石头

第7章 地雷行动及地雷安全

图7.3 黎巴嫩南部地区的雷区警示标志

也可以用于传递危险信息。

所有的警示标志都会随着时间的推移而老化,这意味着每个人都必须认真观察。雷区标志可能会倒塌、锈蚀或者被植被、积雪所覆盖。低等建筑材料,再加上劣质涂料,经常会导致标志移位、破损或严重褪色。这些标志还经常被盗窃,缺乏妥善修缮或不能及时更换。

地雷行动项目一般会利用刺线或者围栏圈起雷场,并悬挂醒目的地雷标志,以警示当地民众,防止他们误入危险区域。同时,如图7.4所示,其清理完毕的雷场也会按照规定设置标志,提供必要的信息。

2. 非正式(简易)警示标志

除上述正式的警示标志之外,正规军队和其他官方机构的负责人员可能会利用一些简易标志,标出他们确认存在危险的区域以及他们计划清排或者正在清排的区域。在阿富汗,人们用喷涂成红色的石头标记未清排区域,用白色的石头表示安全区域。在黎巴嫩和以色列边境,很多雷区附近或者可疑地区里有用白色石头标出的小路,这种小路即为安全通道。有些建筑物、道路和树木被喷涂为红色或白色,标注了地图坐标和雷场编号,表示该地经过勘察可能存在地雷。

图7.4 雷区清理完成后设立的标志,表明该地区的地雷已被完全清除

在缺乏正式警示标志的情况下,当地民众往往会用自己的方法和标志来标出危险区域。这些标志不仅在国家之间各不相同,即使是同一个国家的不同地区也大多各行其是。这些标志并无一定之规,也只有当地民众才清楚。但无论如何,这些简易标志也存在一些共同的特点。

(1)绑在篱笆或树上的一块布或者塑料袋。

(2)标志杆上的罐子。

(3)堆成小堆或者小圈的石头,如图7.5所示。

(4)横穿小路的一列石头。

(5)拦腰捆扎的一束野草。

(6)木棍捆成的十字形,安放在道路或者道路旁边的地面之上。

(7)刻在树皮上的标记。

(8)一根切断的树枝。

图 7.5 雷场简易警示标志

由于简易且缺乏统一规定,当地人制作的标志往往无法给出雷场的准确位置以及地雷的具体型号等有用信息,需要结合其他信息并询问当地民众方可确定威胁类型及其准确位置。同时,这些标记也可以用于代表其他种类的危险,例如断桥、大坑等。无论如何,这些标记都代表了某种危险状况,我们都应加以重视,始终保持高度警惕。

7.3.2 示警信息

地雷和战争遗留爆炸物可能出现在多种区域,例如战场或者军事要地周边。这些危险区域不一定有正式的警示标志,因此往往需要寻找其他信息,方能了解哪里有危险。下面是一些用于辨识危险区域的迹象。

(1)肉眼可见的地雷或战争遗留爆炸物。

(2)战斗或军事活动的痕迹。

(3)周边环境的痕迹、死亡的动物、特殊物体等。

(4)当地民众的行为。

1. 肉眼可见的地雷或战争遗留爆炸物

(1)露出地面的地雷边角、地面上的金属桩或木桩。

地雷一般都难以发现,它们几乎全都经过有意地伪装,往往都埋入地下或被浓密的草丛、灌木丛所遮掩。但是,有些地雷被直接放置于地面之上,如果仔细审视该区域,是可以用肉眼发现其踪迹的。水土侵蚀等自然力量也可以使地雷整个或部分露出地面。地面布设的地雷在积雪融化后也会露出端倪,如图7.6所示。但需要注意的是,自然力量也可能会起反作用,将原本位于地表之上的地雷埋入土中。如果怀疑所在区域有地雷,在观察到任何看上去像是金属或塑料制品且无法确定其是否为危险的爆炸物时,应当推断该处为危险地区。高约30 cm的金属桩或者木桩也是一个明显的迹象,它们可能是雷场内的转角桩。

图7.6 露出地面的以色列4号防步兵地雷(圈内方形物体)

地雷很少会单独布设,因此如果能证明一颗地雷的存在,则周边很可能还会有其他地雷。

(2)遗弃或未爆弹药。

地面上的遗弃弹药或者未爆弹一般会远比地雷更为显眼，如果发现了此类爆炸物（图7.7），往往说明该处可能也存在地雷。药筒、未爆的迫击炮弹、火炮炮弹和手榴弹以及空的或装有未使用弹药和武器的弹药箱等，这些都是发生过战斗的迹象，表明该处可能会有地雷或战争遗留爆炸物。

图 7.7　未爆弹

（3）触杆和引信。

有时候可以看到突出地面的触杆或引信，这往往预示着防坦克地雷的存在。

引信可能会从爆炸物或者弹药上脱落，或者只是位于地面而并没有连接至任何装置。雷管体积很小，但终究属于危险品，也存在致人死亡的可能。它们是发生战斗、存在地雷或战争遗留爆炸物的证据。

（4）丢弃的包装物和军用物品痕迹。

有时候部队布雷过于匆忙，会留下包装盒、绊线线轴或地雷的保险销等物品。如果在地上发现带有军品印记的木质、塑料或金属容器，一定要警惕该处是否存在地雷。同理，如果看到任何一枚带有金属销的小型金属环，都应该将之视为该地可能有过地雷活动的迹象。在冲突地区发现集束弹药包装，也同样预示着危险。

某些类型的地雷、诡雷以及部分简易爆炸装置需要使用绊线或者电线。如果在某个发生过战斗的地方看到此类物品，这就是危险的信号。绊线通常会被布设在小径、道路、野外以及其他对方人员可能步行经过的地方。绊线大多也经过伪装，极其难以发现。

2. 战斗或军事活动的痕迹

（1）军事建筑和军事设施周边。

地雷一般用作防御性武器，因此对于任何军事设施、建筑或作战人员占领过的地区，其防御措施可能包括布设地雷或诡雷。围栏、入口和营区内重要的基础设施，如发电站等，可能会被雷场保护。

作战人员曾占据过的任何区域，尤其是壕沟、堡垒和战斗阵地等，都可能布设了地雷，防止对手进攻。废弃的军事设施可能设有诡雷,以免被对手利用。同时,这些地方也很可能存在未爆弹和遗弃弹药。

(2)受损、遭遗弃或被破坏的民用和军用车辆。

受损、遭遗弃或被破坏的民用或军用车辆可能预示着未爆弹、防坦克地雷甚至防步兵地雷的存在。遭遗弃的车辆之内可能被布设了诡雷,起火损毁或许是贫铀弹药所导致,车辆内部可能留有遗弃弹药、有毒燃料或残存的化学试剂,这些都是存在危险的迹象。

(3)军事检查站和边境地区。

作战人员占据一个地区的时间越长,他们在周边地区布设地雷保护自己的可能性就越大。在很多国家,会有沿着国境线甚至内部地区边境线(例如省界或者地区边界)布设雷场,旨在防止对手人员渗透。这些地区的地雷往往都被留到最后清理,特别是当冲突国家或敌对地区之间的紧张局势尚未得到缓解时,经常会有一方对彻底清理雷区持有反对态度。

(4)道路和小径。

战略要道或者小径都可能被布设地雷,以阻止部队前进或者阻断商贸往来。遇有损毁或者阻塞的道路,车辆会被迫开上路肩,下路绕行。道路边缘和路肩处有时会埋有地雷,以形成阻塞点。有时候,武装分子会用柴油将柏油马路的路面浸泡松软,挖坑埋入地雷或者简易爆炸装置,所以此类道路上如果突然出现圆形补丁,则可能是存在地雷的迹象。同理,穿过冲突地区的小径也有可能被布设地雷。

(5)机场、铁路、桥梁及其周围地区。

地雷还可以被用来迟滞对手进攻或改变其前进方向。在机场、铁路等交通枢纽及其周围地区布雷,可以阻断对手前进的路线,或使其无法利用这些关键的战略性军事设施。因此,这些地点经常存在地雷。其围墙和标志可能破损或移除,大门和正式出入口可能已经停止使用,但使用了地雷或诡雷来保障该地的安全。

(6)大坝、供电和供水系统。

发电厂、输电线路和变电所在战争期间具有非同一般的战略意义。切断对手的电力供应,能够严重削弱其机动能力和通信网络。同样,大坝和供水系统可以用来为民众供水,或者为阻止对手而淹没某个地区。因此,这些地方经常会被地雷所保护。

3. 环境痕迹、动物尸体和异常物品

(1)地面痕迹:植被和土壤的变化。

是否存在地雷可以通过地面的痕迹判断。基于植被颜色的差异,可以看出哪里有小片的干枯植物;在沙地上,可以发现非正常的土壤结构,这些都可能是埋设地雷导致的结果。如果雷场已经存在一段时间,则会有很多肉眼可见的浅坑,略低于地面,呈一定规律排列,这是因为布雷回填的土壤在降雨后发生了沉降。在有些情况下,地面可能会有一系列的小土堆,说明近期有人进行过挖掘活动,有可能是为了布设雷场,但这类痕迹很快就会消失。

如果地雷为近期布设,可能会有小片死亡的野草,因为埋设地雷时其根茎被切断。如果是刚刚布设,用于掩埋地雷的湿润土壤会呈现出比周围地区更深的颜色。

(2)荒弃的村庄、建筑物和过于茂盛的植被。

无人居住的村镇或不再耕种的土地,都可能预示着该处存在地雷或战争遗留爆炸物。集束炸弹或子母弹炮弹攻击过的地方,其危险程度与雷区并无二致。反对派武装力量的战士还经常会在建筑物周围布雷,或者在弃用的房子内留下地雷或诡雷,将之用作武器,杀伤入内寻求遮蔽的对方人员。

在干燥地区,埋有地雷的地方植被颜色更绿,或者生长得比周围地区更加茂盛。这是因为地雷的金属壳体在晚上会凝结露珠,它上面的植被因此能够获得更多的水分。

(3)横置于道路或小径之上的原木或树枝。

有时作战人员会在路上设置障碍拦停车辆,充当非法检查站,甚至会迫使车辆开下路面,进入周边区域,而那些区域可能布设了雷场。

还有另外一种可能性是前方道路或区域有危险,当地人特意设置这个障碍,阻止人们误入危险地区。因此,最安全的选择是掉头绕路。

(4)爆坑。

爆炸导致的大坑、柏油马路上有规律的修补痕迹等都可能是存在防坦克地雷或者发生过战斗的迹象。如果必须在附近逗留,则需十分小心,因为可能还有地雷尚未被发现或没来得及清理。尤其注意不要离开硬化路面,不要尝试踏足路肩或路边土地。

(5)动物尸体或骸骨。

动物或人类的尸骨如果被暴弃荒野,可能说明该处为雷区,如图7.8所示。但雷区不一定就在尸骨所在之处,因为受伤的动物和人员可能会在事故发生后移动一段距离,需结合其他线索方能确认雷场位置。

图7.8 被地雷炸死的动物尸体

(6) 任何看上去不合时宜的物品。

在正在发生冲突的区域,如果在路边看到不同寻常、特别有趣或者价值不菲的物品,一定要记住:这可能是个诡雷。诡雷就是要引诱、欺骗目标人群靠近并移动某件物品,进而引爆地雷。如果正位于可疑地区且无法确定该物品的归属,最明智的选择是不要靠近。

4. 当地人的行为

通过仔细观察当地人的行为模式,辅以其他线索,可以帮助我们对某地区或建筑物做出评估,判断是否存在地雷和其他爆炸物。

千万不要前往任何当地人员拒绝涉足的地方,无论是道路、小径、村庄或田地。这些地区一般看上去已经荒废、无人使用。当地人往往了解哪里是危险区域,因为他们可能目睹了战斗发生,遭受过伤亡,看到地雷被布设,甚至有可能他们自己就埋设过地雷。但是,返乡的难民或流离失所者在冲突期间离开了这些危险地区,不一定知道这些信息。因此,最好向在这一地区居住时间较长的人获取信息。

在某些情况下,甚至可以看到当地村民正在自发开展扫雷活动,并无扫雷组织的协助。向这些人员了解受地雷影响区域的信息颇为关键,但同时也要注意远离其扫雷作业场地。

7.4 认 识 误 区

要防止受到地雷等战争遗留爆炸物的危害,就必须清楚了解其基本特性,避免落入思维或者认识误区。

7.4.1 地雷或其他战争遗留爆炸物威胁的基本特点

(1) 地雷、诡雷、未爆弹以及简易爆炸装置一般均装有猛炸药,这些爆炸物威力巨大,能够杀伤人员或损毁车辆。

(2) 即使冲突结束数年后,雷患威胁可能依然存在。

(3) 即便是最轻微的触动,地雷也可能会爆炸。

(4) 随着时间推移,在天气和环境的共同作用下,它们会改变颜色、发生锈蚀或者移动位置。

(5) 大部分危险区域都没有悬挂官方警示标志,很多甚至连简易标志都没有。

(6) 地雷、战争遗留爆炸物等均难以确定具体位置。

(7) 它们可能埋在地面之下或隐匿于草丛、树林、河岸、建筑物、车辆甚至水中。

(8) 它们往往出现在发生过战斗的地方或者战略性军事要地。

(9) 可能有人曾移动过地雷或者穿过雷区却安然无恙,但这并不意味着此类行为是安全的。

7.4.2 关于地雷和战争遗留爆炸物的常见认识误区

1. 误区之一

有一种地雷在你踩上去之后解除保险,松开时才会爆炸。对于这种地雷可以实施自救,即找到一个重物,在移开脚步的同时将其置于地雷之上。

真相:只有电影里才会出现此类场景。

2. 误区之二

如果知道某个埋有地雷或未爆弹的区域已经有人安全穿过,我们就可以安全穿行,因为地雷或未爆弹如果第 1 次没有爆炸,那么后面也就没有问题了。

真相:随着时间推移,尤其是经过冻结-解冻过程或者发生过洪水之后,土壤变得更为密实,因而地雷/未爆弹的感度就会发生变化。在此情况下,可能多次踩踏才会引爆地雷。

3. 误区之三

在危险区域避免受伤的一个方法是尽快跑步或驾车通过。如果你跑得或者开得特别快,你就可以逃过地雷爆炸冲击波的影响范围。

真相:人员和车辆都不可能超过引信作用速度和爆炸冲击波的传播速度。

4. 误区之四

地雷的寿命不是很长,埋在地下数年以后就会腐烂,不会被引爆。

真相:大部分地雷、未爆弹和简易爆炸装置在几十年后依然危险。很多此类爆炸物的外壳用塑料制成,防水性能良好,如图 7.9 所示。

图 7.9 以色列 1980 年布设的防步兵地雷,40 余年后仍会爆炸伤人

5. 误区之五

剪断绊线,地雷就不会被触发。

真相:大部分装有绊线起爆装置的地雷非常敏感,哪怕最轻微的触动也可能使其爆炸。

6. 误区之六

焚烧一片区域,可以清除里边的地雷等爆炸物。

真相:有时候村民会这么做,但这并不是有效的扫雷方法。这种方式反而可能会使残余的爆炸物更为敏感。

7. 误区之七

驱赶牲畜踩踏可以清除某个区域的地雷或集束弹药。

真相:尽管村民有时会使用这种方法,但其有效性存在缺陷。部分地雷或集束弹药会被引爆,但很可能并非全部。

8. 误区之八

如果人们已经安全使用一条道路至少 6 个月,那么就可以认定那里不存在地雷或集束弹药的威胁。

真相:地雷和集束弹药可能会由于路面频繁使用而露出地面。另外,道路经常通行的部分在雨季可能会变得泥泞不堪,驾驶员或行人被迫从路肩绕行,而路肩上可能会埋有地雷。

9. 误区之九

为形成整齐的障碍,地雷都会按照可预测的规律布设。

真相:尽管正规军队确实经常按照一定规律布设雷场,但随着可撒布地雷的出现,很多雷区并没有可辨识的规律,也无法预测危险区域的准确起始点。特别是在内战频仍的国家,并没有清楚的交战线,其雷场的布设方式五花八门,没有一定之规。

7.5 误入雷区的补救措施

在雷患地区,"远离"是最基本的安全守则。但是,如果在周边发现了地雷的警示线索,如裸露的地雷或者地雷炸坑,此时除非确定自己位于安全地域,否则就应该预设自己已经身处危险地带。一旦身陷雷区,非专业人士其实并没有什么有效的办法,从雷区脱身所需的技能也无法依靠简单的培训习得。以下是一些通用的紧急情况补救措施。

7.5.1 步行时的补救措施

如果步行时发现自己深陷雷区,应遵循以下原则。

(1)立刻停止前进,保持原地不动。

(2)告知身边的其他人,向他们发出警示,呼救但不要让其靠近。

(3)观察四周区域,是否能发现地雷、绊线或雷场标志。确定最近的安全区域,即你明确知道的安全地点,例如铺装路面、经常有人走动的小径或混凝土、钢制结构等。

(4)评估下一步行动。

(5)保持原地不动。如果无法发现安全区域,或者发现了安全区域却无法保证安全抵达,应就地等待救援。

就地等待救援可能需要很长时间,但和触雷受伤或死亡的结果相比,等待一段时间也是值得付出的代价。

在此期间,尤其注意不要接受非专业人员的帮助。他们可能不清楚雷区的危险程度,或者对自己有限的雷场救助知识过于自信,贸然施救可能会使得情况变得更为危险。只有经过严格训练、拥有专用设备的专业救援人员,按照规定的作业程序方可施救。

1. 沿来时脚印返回?

误入雷区之后,踩着自己原来的脚印离开危险区域并不是一个安全的方法。除非是泥地或者雪地,否则很难准确找到来时脚印的痕迹。即使能够清楚看到脚印的边缘痕迹,这个过程也极其危险,因为在此过程中可能会绊倒、滑跌或者偏离原来的脚印。还需要注意的是,地面上可能有松弛的绊线,进入该区域时没有看到也没有触发,在撤出时会被不小心触动,引爆地雷。

2. 刺探安全路径?

刺探指利用类似探雷针的尖锐物体插入土壤来确定安全地域,从而帮助受困人员走出雷区。刀子或类似的尖锐细长形物品可以用于进行此类操作,找到没有埋设地雷的地面。但是,这是一个极其困难、耗时较长且风险很大的方法,需要专业学习和大量练习,只有从事扫雷作业的专业人员才能掌握该方法。该方法需要对地雷探测方法和地雷类型有全面深入的了解,并拥有合适装备方可开展。只有在接受过专业、合格的训练并且没有其他脱身办法的情况下,才能考虑利用刺探的方法寻找安全路径。

3. 标记并上报

遇到地雷或者其他战争遗留爆炸物,应当及时上报地雷行动中心或其他相关机构,包括当地的警察、军队、村/镇长或者附近的扫雷组织。

在标记雷区过程中,应注意以下几点:

(1)在制作或固定警示标志时,不得离开安全区域。

(2)制作的标志应对成人和儿童都清晰可辨,制作之前需了解当地一般使用何种雷场标志。

(3)标志应设立于安全区域,而非雷区之内。

(4)不要标记一颗地雷,而是要明确警示该地存在地雷风险。

7.5.2 驾乘车辆时的补救措施

假如看到另外一辆车触雷、发现地雷或雷区标志,确定已经驾驶车辆进入危险区域,或者己方的车辆已经触雷时(图7.10),应遵循的步骤与步行时类似。此外,还需要注意几点。

图7.10 2016年9月14日,西班牙维和部队一辆装甲巡逻车在黎巴嫩南部触雷

(1)当车辆触雷时,幸存者的第一反应往往是驾车冲出危险区域。然而,除非车辆着火或处于其他生命受到威胁的状况,否则就应该停车并留在车里,因为周边很可能还有其他地雷或其他战争遗留爆炸物。如果可能,应在车内对受伤人员进行急救处理。

(2)如果当时的情况要求你必须离开车辆(例如车辆着火),那么不要接触其他地面,只能从车尾或车辆顶部移动到汽车驶入时留下的车辙中,然后沿着车辙一直走到安全地域。如果车里还有其他人员,离开车辆时人与人之间应至少保持 5 m 的安全距离。

(3)请求扫雷专家将车辆移出雷区,不得自行处理。

原路倒回的可行性。原路倒回指将车辆完全沿着进入时的车辙倒回,驶离雷区。这是一个风险极高的方法,因为倒车时无法100%地精确控制路线,原来的车辙也不一定清晰可辨。如果车辆已经爆胎或者路上有其他车辆或障碍物,则不可能原路倒回。

第8章 安全预防与防护技术

随着现代科学技术的飞速发展,高分子材料的应用日益广泛,人们衣着的化学纤维面料逐渐增多,弹药的内包装也普遍采用高压聚乙烯塑料、玻璃钢等材料。这些材料的电阻率很高,一般在 $10^{12}\sim10^{17}\ \Omega\cdot m$ 之间,容易产生和积聚静电,形成很高的静电电位。另外,弹药搬运和技术处理机械化的实现,作业速度大幅度提高,使弹药、火炸药、人体和各机具的静电起电率也随之增大,静电积聚变得更为严重。同时,随着电火工品在弹药上的广泛应用,电发火和电起爆的炮弹、火箭弹及电引信的装备数量也越来越大,这类弹药对电冲量的敏感性也有较大幅度的增加。因此,静电对弹药的安全已构成严重威胁。在这种情况下,为了保证弹药在储存、运输、修理和废弹药处理环境中的安全,必须对静电的危害引起高度重视,并采取切实可行的防护措施。为了做好静电危害的防护及安全管理工作,下面主要介绍静电的产生、积聚、消散、危害的基本原理和静电防护的基本知识。

8.1 静电及其预防

8.1.1 静电的产生

弹药仓库和弹药技术处理场所中主要的静电带电物体有各种搬运拆修机具、人体、弹药、火炸药以及弹药的包装物等,都是些固体物质。就固体物质而言,起电的原因有很多,如接触分离、摩擦、受电受压、破碎断裂、带电微粒的附着,以及受到其他带电体的静电感应等。在弹药储存和技术处理环境中,所涉及的起电原因主要是接触分离(包括摩擦)起电和静电感应起电。

1. 接触分离起电

接触分离起电是指2种固体物体紧密接触后再分离开来而产生静电的一种起电方式。也是固体,甚至包括液体在内的各种物质最普遍最常见的起电原因。

正常物体中的正、负电荷相平衡,整体呈现中性,只有当电荷发生了分离和转移时,正、负电荷失去平衡,即产生了静电,成为带电体。

在正常情况下,由于原子核或正离子的束缚作用,必须有外力做功才能使电子脱离原来的原子或原子团。这就是说,电子在正常情况下具有负的位能。如果外界对电子做功,或外界供给电子能量,如加热、光照等,电子就可能从物质表面逸出,逸出功的大小,是反映物质得失电子的能力高低。逸出功小的物质,容易失去电子而带正电。正是由于逸出功不同,两种物质在紧密接触时,原子或离子对物质电子做功,在其接触的界面上就会发生电子转移,出现双电层和接触电位差,从而为物质起电提供了条件。

金属与金属、金属与电介质,电介质与电介质等固体物质的界面上都会出现双电层和接触电位差。固体与液体,液体与液体的界面上也会出现双电层。在特定的情况下,同种物质之间由于表面状态(如表面污染,腐蚀和平滑度等)的不同,也会出现双电层。

由于双电层的接触电位差的存在,紧密接触的物体在分离时则产生静电,即分离后,两物体分别获得等量,符号相反的电荷,成为带电体。这就是接触分离起电的原因,是固体物质起电的主要方式。

需要说明的是,分离后两种物质上的电荷密度小于双电层上的电荷密度,其原因是物体两接触面在分离的瞬间,如从金属平板表面剥离塑料薄膜(图8.1)双电层电场发生畸变,使分离处电场强度急剧增加,在这种电场的作用下,不同符号的电荷有结合起来而中和的趋势,从而形成传导中和电流。该电流的大小,与材料的电导率有关。对于导体材料,电荷在电场的作用下,能自动流动,当其两接触面分离时,传导中和电流很大,电荷实际上就完全中和了,这就是导体与导体接触分离时起电很弱的原因。低电导率的电介材料,传导中和电流很小,双电层上大部分电荷都积存在分离开的表面上,物体则有较高的带电量。如果双电层的电荷量很大,在物体分离过程中,由于空气间隙中的电场强度随着分离距离的增大,电容量急剧减小而迅速上升,就可能达到气体放电的量值,这种放电经常伴有暗蓝色的微光和噼啪声。例如,在干燥的冬季当我们从身上脱下化纤衣服时,常有这种现象出现。在接触分离起电过程中,传导中和电流(取决于材料的电阻率)对物体带电电荷密度有很大的影响,而材料的电阻率又与空气的相对湿度有关,因而,空气湿度对起电过程就会产生重要影响。当空气相对湿度低于10%~40%时,绝缘物体在接触分离过程中就会强烈起电;相对湿度增加到70%,静电起电实际降低到很小的程度。材料的电阻率超过108 Ω·m,固体就会呈现明显的起电现象。

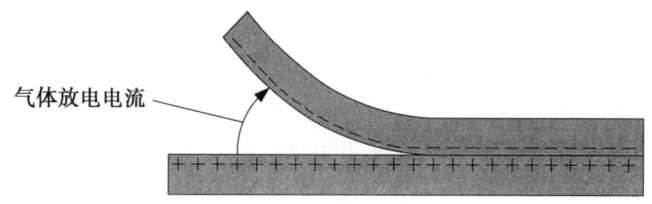

图8.1 剥离起电过程

摩擦生电实际上就是在摩擦过程中连续的接触分离过程。摩擦作用可以增大物体的接触面积,增加接触分离的机会,摩擦生热也加快了电子的热运动,有利于电子转移而产生静电。另外,接触面上发生物质的细小断裂,也促进了静电的产生,所以摩擦起电也是一种特殊形式的接触分离起电过程。

2. 感应起电

感应起电是导体在静电场中特有的现象。所谓静电感应就是导体在静电场中,在电场的作用下,其表面不同部位感应出不同电荷或导体上的电荷重新分布的现象。由于静电感应,不带电的导体变成带电的导体,即不带电的导体可以感应起电。静电感应和感应起电的过程,如图8.2所示。当不带电的导体2移近带电体1时,在靠近带电体1的表面一端会感应出与带电体符号相反的电荷,而在远离带电体1的表面一端上感应出与带电体同号电荷。物体2电荷分离呈带电体是感应起电,如果有接地体移近导体2,则导体2对接地体放电。如果再把带电体1移走,导体2就变为孤立的带电体,可对接地体再次放电,静电感应和感应带电,可在导体(包括人体)上产生很高的电压,导致危险的火花放电。这种情况往往易被人们所忽视,进而造成严重的静电危害后果。

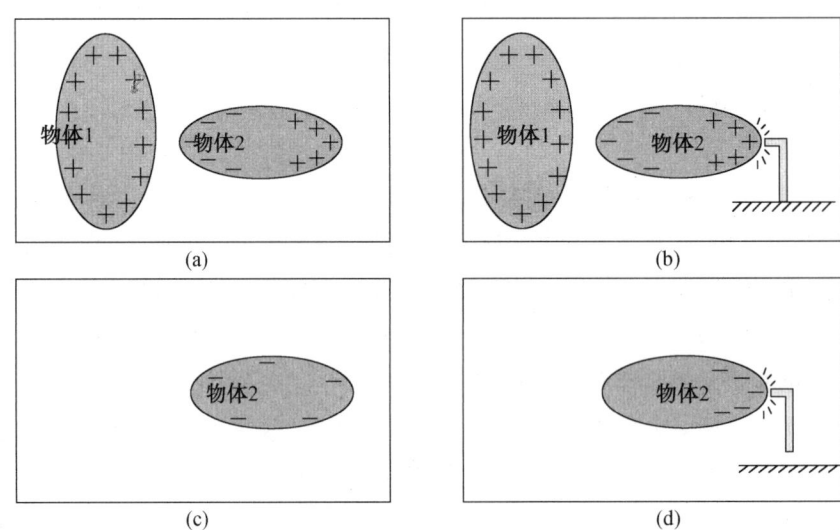

图8.2 静电感应和感应起电的过程

8.1.2 静电的消失

任何物体所带的静电,如果没有外来的补充,都会消失。静电的消失有2种方式:一是静电放电;二是静电泄漏。前者是通过空气的传导作用,使电荷向大地泄漏,与大地中的异号电荷发生中和,后者是通过带电体本身及与其相连的物体发生的。

1. 静电的放电

对于静电放电我们不陌生,在日常生活中都或多或少地经历过这一过程。在干燥的环境中,当一个人脱衣服(尤其是含有化纤的衣物)或在室内的地毯上行走之后,手触摸接地或体积大的金属物体(如门的把手、自来水管等)时,会有电击的感觉,这就是人体静电造成的。

静电放电是指带电物体周围的场强超过周围介质的绝缘击穿场强时,因介质产生电离而使带电体上的静电荷部分或全部消失的现象。静电放电是一个高电位、强电场、瞬时大电流的过程,会产生强烈的电磁辐射形成电磁脉冲。静电放电是一个极复杂的过程,不仅与材料、物体形状和放电回路的电阻值有关,而且在放电时往往还涉及非常复杂的气体击穿过程。

由于宇宙射线、紫外线和地球上放射性元素的作用,每立方厘米空气中每秒钟约有10个分子发生电离,而且常温常压下每立方厘米空气中有100~1 000个带电粒子(电子和离子)。由于这些带电粒子的存在,带电体同周围空气接触时,其所带的电荷逐渐得到中和。但是,空气中自然存在的带电粒子极为有限,以致这种中和是极为缓慢的,一般不会被察觉到。带电体上的静电通过空气迅速的中和发生在气体放电的时候。

气体放电是空气介质在电场的作用下发生的一种特定形式的导电现象。在两个电极间空气介质导电的规律,如图8.3所示。当两极间电压低于U_1时,空气中电流随电压增加而增大,这是由于电压越高,电场越强,到达极面的电子和离子越多的缘故。当电压升高到U_1~U_2之间时,气体中的电流基本上保持不变。这是由于电极间空气中自然生成的电子和离子在极短的时间内全部达到电极的缘故。当电压升高超过U_2时,由于碰撞电离,即由于空气中的电子和离子在向电极运动的过程中获得了足够的动能,与空气分子碰撞时使中性分子电离,产生新的电子和离子,使得电流随着电压的增加而迅速地增加。当电压升高超过U_3时,由于出现雪崩式电离,即由于碰撞产生的电子和离子也可以引起碰撞电离,使得电流急剧增长,形成火花放电。发生火花放电的电压U_3称击穿电压,发生火花放电的电场强度叫作击穿场强度或简称击穿场强。

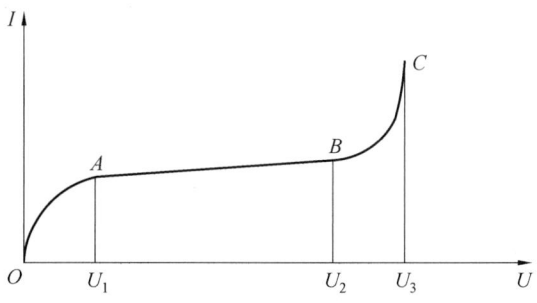

图8.3 空气介质导电的规律

气体放电是静电中和即静电消失的主要方式之一,放电过程中伴随着静电能量的释放,所以,也是形成静电火灾和爆炸灾害的主要条件之一。根据静电放电发生的条件和释放能量的大小不同,放电可分为火花放电、电晕放电、刷形放电、传播型刷形放电、粉堆放电、雷状放电和电场辐射放电等形式。各类静电放电的发生条件与特点,见表8.1。

表 8.1 各类静电放电的发生条件与特点

种类	发生条件	特点及引燃引爆性
火花放电	主要发生在相距较近的带电金属导体间或静电导体间	有声光,放电通道一般不形成分叉,电极是有明显放电集中点,释放能量比较集中,引燃引爆能量较强
电晕放电	当电极相距较远,在物体表面的尖端或突出部位电场较强处较易发生	有时有声光,气体介质在物体尖端附近局部电离,形成放电通道。感应电晕单次脉冲放电能量小于 20 μJ,有源电晕单次脉冲能量则较此大若干倍,引燃能力甚小
刷形放电	在带电电位较高的静电非导体与导体间较易发生	有声光,放电通道在静电非导体表面附近形成许多分叉,在单位空间内释放的能量较小,一般每次放电能量不超过 4 mJ,引燃引爆能量中等
传播型刷形放电	仅发生在具有高速起电的场合,当静电非导体的厚度小于 8 mm,其表面电荷密度 $0.27\ mC/m^2 \geqslant$ 时较易发生	放电时有声光,将静电非导体上一定范围内所带的大量电荷释放,放电能量大,引燃引爆能量很强
粉堆放电	主要发生在容积达到 $100\ m^3$ 或更大的料仓中粉体进入料仓时流量愈高,粉粒绝缘性愈好,愈容易形成放电	首先在粉堆顶部产生空气电离,出现仓壁到堆顶的等离子体导电通道,放电能量可达 10 mJ,引燃引爆能量强
雷状放电	空气中带电粒子形成空间电荷云且规模大、电荷密度大的情况下发生,如承压的液体或液化气等喷出时形成的空间电荷云	放电能量极大,引燃引爆能量极强
电场辐射放电	依赖于高电场强度下气体的电离,当带电体附近的电场强度达到 3 MV/m 时,放电就可发生	放电时,带电体表面可能发射电子,这类放电能量比较小,引燃引爆能量较小,出现这类放电的概率也小

2. 静电的泄漏

静电泄漏是绝缘体或被绝缘的导体上静电消失的另一重要形式。绝缘体上静电的泄漏有 2 条途径,一条是绝缘体表面,一条是绝缘体内部。静电通过这 2 条途径泄漏的规律是估计其危险和解决防静电灾害的重要依据。

为了保证危险场所的安全,对高绝缘介质材料通常采用加入导电性材料,如石墨、碳黑、金属粉、抗静电剂等,或进行化学处理、高能粒子辐照,使其氧化、磺化、表面改性,或涂抗静电覆盖层,如涂抗静电涂料等,降低其电阻率,使半衰时间在 0.012 s 以下,以减小积聚静电的危险性。

8.1.3 人体静电

人体静电是指人体由于行走、操作或与其他物体接触、分离,或因静电感应、空间电荷吸附等原因使人体正负极性电荷失去平衡,而在宏观上呈现某种极性的电荷积聚,从而人体对地电位不为零,对地具有静电能量,这种相对静止的积聚在人体上的电荷。

1. 接触起电

人体电阻率很低,可认为是导体。如果人体与大地绝缘,如穿绝缘底鞋,或在绝缘地面上,或坐在与地绝缘的凳子上,人体就可以由接触分离、静电感应,与其他带电体尤其是与带电的衣服进行电荷分配而带电。具体带电过程举例如下。

(1)穿绝缘鞋在水泥地面或穿导电鞋在绝缘橡胶板铺设的地面上行走,鞋和地面接触分离而带电,人体因绝缘鞋带电的感应或因导电鞋所带电荷分配而带电。

(2)人体与大地绝缘,从座椅上起来,衣服与椅面剥离分别带电,人体因衣服带电的感应而带电。

(3)人体与大地绝缘,脱大衣、雨衣或罩衣等,外层衣服与内层衣服在分离时分别带电,人体因内层衣服电荷的感应或分配而带电。

(4)人体与地绝缘,从塑料包装筒内抽出炮弹时,炮弹与塑料筒分别带电,炮弹上的电荷分配使人体带电。

(5)手持药筒,倒出筒内散装的发射药,由于发射药与药筒分离而带电,人体与药筒共分电荷。

2. 感应起电

当人体接近其他带电的人体或物体时,这些带电体的静电场作用于人体。由于静电感应,电荷重新分布,若人体静电接地,人体会带上与带电体异号的静电荷;若人体对地绝缘,人体上静电荷为零,但对地电位不为零,具有静电能量,此时也是静电带电。处在静电场中的人体,若瞬时接地又与地分离,人体上静电荷不为零。

人体感应起电的电位有时会达到很高,如人在带电雷雨下行走时,可被雷雨云感应出近 50 kV 的静电。

3. 传导带电

当人操作带电介质或触摸其他带电体时,会使电荷重新分配,物体的电荷就会直接传导给人体,使人体带上电荷,达到平衡状态时,人体的电位与带电体的电位相等。

4. 吸附带电

吸附带电是指人走进带有电荷的水雾或微粒的空间,带电水雾或微粒会吸附在人体上,也会使人体由于吸附静电电荷而带电。例如在粉体粉碎及混合车间工作的人员,会有很多带电的粉体颗粒附着在人体上使人体带电。

吸附带电有时也会使人体产生很高的静电电位,例如在压力为 1.2 MPa 的水蒸气由法兰盘喷出的地方,人体因吸附带电的静电电位可达 50 kV。

8.1.4 静电的危害

由于带电体对附近的物体能产生力学作用和静电感应等物理作用,并在一定的条件下也可产生静电放电现象,因而会导致火灾、爆炸、电击和妨碍生产、影响产品质量等静电危害。对于弹药储存和技术处理环境来说,静电放电可能引起弹药、火炸药、电火工品、易燃溶剂蒸气等着火、爆炸和作业人员电击等严重的有害后果。

火灾与爆炸事故往往是重大的人身事故和设备事故,静电火灾与爆炸事故在石油化工、火炸药和火工品生产中不胜枚举,在弹药的技术处理中也曾多次发生。对此,必须引起高度重视和警惕。为了防止静电火灾与爆炸事故的发生,应当根据发生静电火灾和爆炸的条件和原因,采取相应的措施,保证弹药储存和技术处理环境的安全。

现场存在电发火炮弹、火箭弹、裸露的火炸药、电火工品和达到爆炸极限的爆炸性混合物等危险物品和物质。这些物品和物质对静电放电较为敏感,静电放电的能量和静电火花容易将其引燃或引爆。所以,这些物质的存在是发生静电火灾和爆炸的必要条件。对静电火灾与爆炸来说,这些物质称危险物质。危险物质对静电能量的敏感程度是反映危险物质危险程度的性能指标。这种性能指标是以其最小静电点火能来表示的。所谓最小静电点火能(简称最小点火能)是指能够点燃或引爆某种危险物质所需要的最小静电能量,由于影响最小点火能的因素很多,如危险物质的种类、危险物质的物理状态等。因此,为了比较不同危险物质的最小点火能,规定使危险物质处于最敏感状态下被放电能量或放电火花点燃或引爆的最小能量为该危险物质的最小点火能。所谓最敏感状态是指各种影响因素都处于各自的敏感条件下。只有在这种条件下点火能才能达到最小。最小点火能的单位为毫焦。最小点火能是判断某些危险作业和工序是否会发生火灾和爆炸事故的重要数据之一。

静电造成事故的发生除与危险物品和物质有关外,还需要形成危险静电源。危险静电源是指这样的带电体,它积聚的静电在一次放电中,所释放出的能量大于危险物质的最小静电点火能。显然,形成危险静电源也是酿成静电火灾和爆炸的必要条件。为了防止静电火灾和爆炸事故,确定带电体是否是危险静电源则是非常实际的问题。由于物体放电的能量不易简单地求得,因此,在实用上一般是以带电体上储存的能量等于危险物质的最小静电点火能作为判断危险静电源的标准的。

危险静电源和危险物质之间形成能量耦合通路也是不可获取的条件,且分配到危险物质上的能量应大于其最小静电点火能。导体与导体,绝缘体与导体之间,当其静电的场强达到空气击穿场强时,即形成火花放电,物体中积聚的静电能通过电火花释放出来。当在电火花的通道上,如果存在爆炸性混合物,易燃易爆的火炸药,则带电体的全部或部分静电能量通过电火花耦合给危险物质。若电火花能量大于或等于危险物质的最小静电点火能,就可能引燃或引爆危险物质形成静电火灾或爆炸。

8.1.5 静电的防护

静电的防护原则是根据易燃易爆物质对静电能量的敏感程度、静电通过空气间隙产生电火花放电,以及引起燃烧爆炸事故的可能性和后果危害程度来确定的。为了做到安全防静电,可通过静电接地、消除人体静电和穿着防静电工作服等多种手段来实现。

1. 静电接地

依据静电产生的基本条件,对静电进行安全防护应遵循 3 个原则,即控制静电起电量的电荷积聚,防止危险静电源的形成;使用静电感度低的物质,降低场所危险程度;采用综合防护加固技术,阻止静电放电能量耦合。

控制静电起电率或抑制静电的产生,可以使静电源难以形成,但是这种方法并非完全有效,有时静电的产生是无法控制的,需要采取其他防护措施,才能有效地控制静电危害。静电接地是形成静电泄漏的方式之一,是各种静电规范、标准中最常用、最基本的防止静电危害的措施。所谓静电接地是指物体通过导电、防静电材料或其制品与大地在电气上可靠连接,确保静电导体与大地的电位接近。静电接地的目的是通过接地系统尽快泄漏带电物体上的电荷,使静电电位在任何情况下不超过安全界限。

按照接地方式不同,静电接地分为直接静电接地和间接静电接地 2 种。

(1)直接静电接地是通过接地装置将固定式或半固定式的金属设备与大地在电气上可靠连接,使设备的电位与大地电位接近。其方法是将金属机具和容器等,分别用接地装置中的接地线与接地干线相连,然后将接地干线与接地体相连。由于静电泄漏电流很小,一般为微安量级,静电接地装置中的接地线和接地干线的选择主要考虑机械强度、耐腐蚀性能和便于固定。接地装置的静电接地电阻的选择,必须满足静电安全要求的电阻值。

(2)间接静电接地是将非金属设备的全部或局部表面同金属紧密结合,即设置金属接地极,然后再将金属接地极与前述的接地装置连接。为了使金属接地极与非金属表面有良好的接触,两者的接触面积不得小于 50 cm^2,并在二者接触面之间,应用导电胶液黏结,以保证其间接触电阻不超过 10 Ω。由于金属设备本身的电阻很小,设备静电接地的良好程度是用接地装置的静电接地电阻值的大小来评价,而非金属设备的接地良好程度就不能再用接地装置的接地电阻值的大小来评价,而是用静电泄漏电阻。即在不带电时,设备某一测试点与大地之间的总电阻为评价其接地的良好程度。

2. 消除人体静电

人体在干燥季节,最高起电电位可达 60 kV 左右,积聚的静电能量可达 100 多 mJ。另外,人体又是静电导体,形成火花放电时,能量特别集中。因此,带电人体接触电火工品、电发火弹药以及在火工作业时,是引发燃烧爆炸事故的危险电源之一。据统计,由人体静电造成的火灾爆炸事故,占所有的静电事故的 15%。因此,消除人体静电是弹药技术处理环境的重要安全技术措施。

消除人体静电的方式是使人体可靠地静电接地,其中包括穿防静电鞋袜、设置防静电台面/地面、戴防静电腕带等。

3. 穿防静电服

人体穿着的衣服,当受到摩擦或者压力后,在其表面会立即带上电荷,并同时在人体上感应出同类电荷。如果人体与大地绝缘,则电荷会在人体上停留一段时间,若具备放电条件,衣服与其接触到的物体间即会发生放电。

防静电服是防止人体静电造成危害的一种含有导电纤维或抗静电剂的工作服。防静电服的布料有多种类型,其中包括不锈钢纤维防静电布、铜络合纤维防静电布和加入抗静电剂的防静电布等。不锈钢纤维防静电布是在天然或合成纤维纺织过程中,加入少量不锈钢纤维,编织而成的防静电布。这种布料具有消电效果好、残留电压低、耐洗涤和环境适用广泛等优点。铜络合纤维防静电布是在纤维喷丝后经过铜离子络合,使纤维表面镀上一层铜离子络合物,从而起到导电作用。这种防静电布不耐酸碱腐蚀,耐洗涤性较差。加入抗静电剂的防静电布是在纤维表面涂敷或在纤维原料中加入抗静电剂,制成易于吸收空气中水分的防静电布。这种材料的缺点是空气干燥时,几乎没有抗静电作用,而且不耐洗涤。

8.2 火灾及其预防

危险爆炸物属于易燃易爆物品,在处理过程中存在火灾的安全隐患,处理不当甚至会发生爆炸,严重影响人员和财产的安全。因此,在危险爆炸物的处理过程中,应遵循"以防为主,防消结合"的方针,落实各项消防措施,有效防范火灾事故的发生。

8.2.1 物质燃烧和消防的基本知识

1. 物质燃烧的条件

燃烧是一种放热、发光的化学反应。物质燃烧必须具备 3 个条件,即可燃物质、助燃物质和着火源。不论是固体、液体、气体,凡能与空气中氧或其他氧化剂起剧烈化学反应的物质,一般都称为可燃物质。凡能帮助和支持燃烧的物质都叫助燃物质,也叫作助燃剂。可燃物质的燃烧过程是一个氧化放热过程，可燃物质燃烧的产生、继续和完全燃烧，必须要有助燃剂提供充足的氧。凡能引起可燃物质燃烧的热能源都叫着火源。不同的可燃物质燃烧时所需要的温度和热量各不相同，因此不同可燃物质着火的难易程度也不相同。物质燃烧必须同时具备以上3个条件，缺少其中任何一个条件，燃烧就不可能发生。因此，预防火灾和消防措施就可以针对这3个条件来开展。

2. 预防火灾的基本措施

危险爆炸物中存在火炸药等含能材料，这属于易燃易爆物质，因此在消防中有着特殊的要求。火炸药的特点是既有燃烧物质，又有在燃烧中起助燃作用的助燃物质，因此仅需满足火源条件，它就可以在没有氧气助燃的情况下燃烧爆炸。由此可见，在危险爆炸物处理过程中预防火灾时，控制火源条件是十分重要的。一切防火措施都是为了防止3个燃烧条件同时出现，并阻止它们相互结合和相互作用。

3. 控制火源

在物质燃烧的3个条件中，针对危险爆炸物处理，可燃物质和助燃物质有时必须同时存在，不可避免。这时，控制或消除引发火灾的火源就显得尤为重要，这也是处理工作中防火的关键。

危险爆炸物处理环境条件下，可能产生的火源类型或途径很多，原因也十分复杂。主要类型包括电火、雷火、机械火、自燃火、人为失火和人为纵火等；主要原因包括人员思想麻痹、管理不严、技术生疏或违章作业造成过失起火等。因此，应根据实际情况对易产生火源的地点、物资、器材等，有重点地采取有效的技术措施和管理措施，使火源得到有效的控制。

8.2.2 火灾的预防

消防系统是由人员、设施设备和火灾信息等组成的有机系统，它是整个安全管理系统中的一个重要的子系统。消防系统的职能，就是把系统的各个要素有机结合起来，有效地发挥系统在火灾预防和扑救工作中的作用。消防系统的组织和管理工作的主要任务有以下几个方面。

1. 健全消防组织

防火是一项综合性的工作，涉及各个方面，只有成立统一的消防组织，建立有领导负责的逐级消防责任制或岗位责任制，才能有效地监督检查防火工作。消防人员要精通消防业务，熟悉本单位防火设施设备的情况，定期组织人员培训和进行消防检查，做到组织、人员、责任三落实。

2. 制定消防预案

针对可能起火的处理场地、物资性质和灭火方法制定出消防预案，事先规定消防警报和信号,调配人力、物力和灭火器材、设备,做到起火前有预防方法,起火时有组织指挥,灭火后有检查总结。

3. 组织消防训练

消防人员和其他专业人员都必须进行严格的消防训练,学习消防常识,掌握灭火器材的使用及火灾火警的预报等,分清不同物品的不同灭火方法。

4. 完善消防设施设备建设

消防设施设备是火灾发生后,用以防止火灾蔓延和发展,将火势控制和扑灭于初级阶段的有效手段。它主要包括消防池(水池、沙池)、消防管道、消防水源、消防栓、防火墙、消防车、消防泵、灭火器、消防工具(锹、桶、斧、钩)等。各类消防设备器材必须按照相关标准规定,并结合实际加以完善和配套。

8.2.3 火灾的消灭

1. 基本方法

灭火的一切措施都是为了打破已经产生了的燃烧条件,而使燃烧反应中断,阻断燃烧的进行。根据这个原理,在扑灭火灾的过程中,常用隔离法、窒息法、冷却法、抑制法等进行灭火。灭火的基本方法与应用举例,见表8.2。

表8.2 灭火的基本方法与应用举例

灭火法	灭火原理	基本应用方法举例
隔离法	使燃烧物与未燃烧物隔离,防止扩大火灾	(1)搬迁未燃物;(2)拆除接近燃烧物的建筑、设备、车厢等;(3)切断燃烧气体、液体的来源;(4)放走未燃烧的气体;(5)抽走未燃烧的液体;(6)堵截流散的燃烧液体等
窒息法	稀释燃烧区的氧气量,隔绝新鲜空气进入燃烧区	(1)往燃烧物上喷射二氧化碳、氮气、四氯化碳;(2)往燃烧物上喷洒雾状水、泡沫等;(3)往着火的空间充惰性气体;(4)用砂土埋燃烧物;(5)用石棉被、湿麻袋捂盖燃烧物;(6)封闭着火的空间
冷却法	降低燃烧物的温度于燃点之下	(1)用密集水流直接喷射燃烧物体;(2)往火源附近未燃烧物上淋水;(3)喷射二氧化碳、泡沫也兼有冷却作用
抑制法	通过抑制火焰,中断燃烧的连锁反应	往燃烧物上直接喷射灭火剂,覆盖火焰,中断燃烧

2. 消防给水系统

水是灭火使用最多、用量最大的一种灭火剂,单位时间内消耗量很大。消防供水系统完善与否,直接影响其火灾扑救的效果,特别是发展型火灾的扑救,供水是否充足,往往决定火灾扑救的成败。据火灾统计资料表明,在成功扑救火灾的案例中,有93%的火场消防供水条件较好;而扑救失利的火灾案例中,有81.5%的火场缺乏消防供水。许多大火失控,造成重大损失和严重后果,大多是消防供水不完善,火场缺水造成的。因此,消防供水设施的建设,是消防设施系统的重要组成部分;应力求做到水量充足,输送可靠,布置合理,才能有效地发挥水在火灾扑救中的巨大作用。

作业区的消防给水,可由给水管网或消防蓄水池供给。具体采用哪种方式,应根据当地的实际情况确定。但是,无论采用哪一种给水方式或两种给水方式综合使用,都应确保消防给水可靠。

3. 消防设备和器材

危险爆炸物处理作业区通常应配备消防车。消防车以水罐车为宜,没有水罐车可配用泡沫式消防车。消防车是专门使用的机动灭火设备,应注意保养维护以保持其良好的技术状况。配备的水龙带、水枪等设施应齐全,且性能良好。

灭火器是危险爆炸物处理作业区配备的主要灭火器材。应根据火灾的性质和可燃物的性质特点,选配合适的灭火器。灭火器应取用方便,按集中分散相结合的原则配置,在易发生火灾的区域内应适量集中配置灭火器。灭火器应按规定定期检查、更换药剂,发现问题及时处理。灭火器的品种较多,构造和性能不同,使用时应有所选择。

灭火工具宜集中存放,应取用方便。灭火工具主要包括有,用于扑打和拆破障碍的扫把、消防钩、消防斧、消防锹、消防铺、盛砂、水的消防桶,以及灭火机、风力灭火机等。

参考文献

[1] 郭仕贵,张朋军,刘云剑,等. 地雷爆破装备试验技术[M]. 北京:国防工业出版社,2011.
[2] 倪宏伟,房旭民. 地雷探测技术[M]. 北京:国防工业出版社,2003.
[3] 《兵器工业科学技术辞典》编辑委员会. 兵器工业科学技术辞典:地雷与爆破器材[M]. 国防工业出版社,1993.
[4] 郭迎春,侯吉忠,黎兴龙,等. 国外扫雷技术分析[J]. 工兵装备研究,2014,33(3):55-59.
[5] 杨子庆,张婉. 国外智能地雷发展扫描[J]. 兵工科技,2010(3):29-32.